QSNKXQZXL

提 供 科 学 知 识
照 亮 人 生 之 路

青少年科学启智系列

科 学 史 话

张之杰◎主编

长 春 出 版 社
全国百佳图书出版单位

图书在版编目（CIP）数据

科学史话 / 张之杰主编. —长春：长春出版社，2013.1
（青少年科学启智系列）
ISBN 978 - 7 - 5445 - 2650 - 0

Ⅰ．①科… Ⅱ．①张… Ⅲ．①科学史—世界—青年读物
②科学史—世界—少年读物 Ⅳ．①N091 — 49

中国版本图书馆 CIP 数据核字（2012）第 274920 号

著作权合同登记号 图字：07 - 2012 - 3850

科学史话
本书中文简体字版权由台湾商务印书馆授予长春出版社出版发行。

科学史话

主　　编：张之杰
责任编辑：王生团
封面设计：王　宁

出版发行：**长春出版社**　　　　总编室 电话：0431-88563443
　　　　发行部电话：0431-88561180　　邮购零售 电话：0431-88561177
地　　址：吉林省长春市建设街 1377 号
邮　　编：130061
网　　址：www.cccbs.net
制　　版：长春市大航图文制作有限公司
印　　制：沈阳新华印刷厂
经　　销：新华书店

开　　本：700 毫米×980 毫米　1/16
字　　数：102 千字
印　　张：12.25
版　　次：2013 年 1 月第 1 版
印　　次：2013 年 1 月第 1 次印刷
定　　价：22.00 元

序

中国是一个有着辉煌文明的古老国度，是人类历史上的文明之都。在数千年的历史长河中，中华民族以顽强意志和勇于探索的精神，书写了辉煌的历史画卷，创造了世界历史上极其辉煌的物质文明与精神文明。四大发明，陶器、建筑、纺织等技术及其历算、中医、地理学等，都足以彰显中华名族的智慧。一部中华文明史，也是一部中华民族在精神层面上的探索史。从这个层面来说，我们中华民族的先贤们用自己的先进思想和创业精神不断地推动着中国文明的进程。英国著名科学家、中国科技史大师李约瑟博士在《中国科学技术史》巨著中，以浩瀚的史料、确凿的证据向世界表明："中国文明在科学技术史上曾起过从来没有被认识到的巨大作用，在现代科学技术登场前十多个世纪，中国在科技和知识方面的积累远胜于西方"。

"知识就是力量"这是四百年前英国著名哲学家培根的一句脍炙人口的名言。培根是英国经验主义哲学家，提出了促进科学和技术发展的新科学方法。培根的这句名言告诉我们：科学就是知识，科学就是力量。我们需要科学的力量去改造社会，改造世界。在世界文明高度发展的今天，每一个国家都非常重视科学的作用。我国在古代就有高度发展的科技文明，因此，我们需要认真地研究我们先辈的智慧，希望从他们的智慧中得到启发，从他们的功业中获取灵感，以培养一种科学的精神，使更多的青少年从小具有爱科学、爱求知的气质，积极地从事科学探索。

通俗的科普读物，能够开启青少年的思维，也能够培养一种理性精神。本书是一部讲述中国科学史话的图书，语言既通俗易懂又引人入胜。作者用清晰明了、幽默风趣的笔法，介绍了一些有趣的科学现象。本书最大的一个特点是"大家谈科学"，每篇文章大概1800多字，又附有二至三张图片。编者所选的这些文章都比较有趣，而且也和生活紧密相关，使读者能够把生活和科学能紧密地结合起来，从科学中读懂生活，从生活中学习科学知识。编者也希望这些文章能够给读者带来意外的惊喜。

尽管本书由不同的作者写成，在写作风格和语言上也不尽相同，但是这些文章具有很强的可读性。同时也须指出，书中也难免有纰漏之处，敬请读者指正。

编　者

目 录

龙的由来

□杜铭章

　　龙，这个兼具尊贵、庄严及绚丽的动物，是中华民族共有的图腾，它既是华人的标志和象征，也是帝王和皇权的代表，但从生物学的观点来看，它不但一点都不完美，而且适应不良。因为它的四肢太短，根本无法在陆地撑起细长的身体，如果它硬要在路上行走，顶多也只能像蛇一样蜿蜒爬行。这样的

话，它那四只脚又显得太粗壮，因为若要经常用身体蜿蜒爬行，四肢必然要退化，才不会妨碍爬行。若不退化，则会在爬行过程中与地面不断摩擦而破皮发炎。这样的身体构造只有在水里才稍有可能存活，因为水可托住全身的重量，所以长的身体配上短的四肢还不至于有太大的问题。

但如果龙生活在水里，它那大鼻子又不该长在正前方，尤其两个鼻孔又不小，即使里面长了瓣膜，游起泳来要阻隔水灌入呼吸道也会特别费力。而头上那一大丛鬣毛，虽然像雄狮子的鬣毛一样可增加威仪，但在水中却发挥不了作用，反而会增加很大的阻力，让它既难以快速前进，又浪费宝贵的能量。同样的，头上那一对麒麟角在水里也会破坏流线型的状态，真要用来像鹿角那样顶撞时，在水里又发挥不了作用。至于传说中它能腾云驾雾，更是无稽之谈，虽然《山海经》中的应龙是长有翅膀的龙，但一般的龙是没有飞翔的身体构造，别说升天，要登陆都很难了！

龙不可能是真实的动物，应该不会有太多人反对，但它很可能是从既有的动物中再加以渲染而成，而非凭空捏造，至于它是从何种动物演变而来，则有不同说法。蛇是一个常被提及与龙有关的动物，但它们的形态有太多不同之处，而且先秦典籍就已将它们分得很清楚，实在难以轻信龙是由蛇演变而来的看法。

龙和鳄鱼相同之处反而比蛇还多，例如延长的嘴巴和上下两排利齿、上突的眼睛、明显的鳞片、四只短短的脚、脚

鳄鱼和龙有许多相似之处

上的利爪和延长的尾巴以及尾巴上的三角形盾板等。龙除了尾巴之外，背部也有三角形的盾板，古人画的一张鳄鱼侧面图中，背部和尾部的三角形盾板也是连在一起。鳄鱼的尾部后段只有一列三角形盾板，前段的三角形盾板其实是左右各一列，而到了身体的部位，这些盾板则明显的变小且增加为好几列，如果从侧面观察，确有可能从背部到尾端只呈现一列三角形盾板。

有关龙的图像，一开始身体并不长，汉朝以后龙的身体才开始变长，并逐渐在明朝定型为现今的模样。此外龙是一个象形字，从其文字的演变中，可以看到它一直有巨口和獠牙的特征，虽然四只脚在古代龙字演变过程中并不一定都

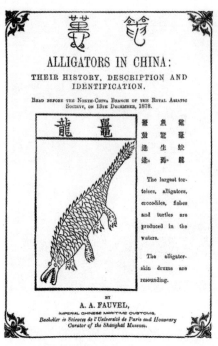

ALLIGATORS IN CHINA:
THEIR HISTORY, DESCRIPTION AND
IDENTIFICATION.

READ BEFORE THE NORTH-CHINA BRANCH OF THE ROYAL ASIATIC
SOCIETY, ON 13TH DECEMBER, 1878.

The largest tortoises, alligators, crocodiles, fishes and turtles are produced in the waters.

The alligator-skin drums are resounding.

BY
A. A. FAUVEL,
IMPERIAL CHINESE MARITIME CUSTOMS,
Bachelier ès Sciences de l'Université de Paris and Honorary
Curator of the Shanghai Museum.

在古人画的一张鳄鱼侧面图中，背部和尾部的三角形盾板也是连在一起。

有，但甲骨文中的龙字却明显有短脚、巨嘴和尾巴，很像一只张大嘴巴的鳄鱼。

古龙字头上多有一个"▽"记号，学者认为这个记号是辛字的意思，辛置于龙头上代表刑杀，巫术上是一个镇伏的记号。古字中除了龙以外，野猪和老虎等猛兽的头上也有辛字，显示古人很畏惧龙，因此在其头上标记辛，以期能降服它，商周的青铜器图文上，也可以看到一些龙吃人的饰纹。

古人常以周围的生物、无生物或自然现象作为氏族的代表，并进而用其图像作为部族的图腾，而凶猛令人敬畏的动物常是被崇拜的对象，例如突厥的图腾是狼，相传黄帝和楚人的图腾是熊，因此鳄鱼自然有可能成为某一部族的图腾代表。

根据古气象学的研究，商周以前中国的中原地区气候相当湿热，甲骨文记载殷墟的周围曾有森林草原且雨量非常丰

龙字的演变，甲骨文龙字明显有短脚、巨嘴和尾巴，很像一只张大嘴巴的鳄鱼。

富，而中原新石器文化区域所挖掘出土的物品中，动物的兽骨常包含水牛、野猪、犀牛和鳄鱼等，属于热带和亚热带型的种类，中国古地层中鳄类的化石也非常丰富，已发现的古鳄类化石就有十七属之多，所以鳄鱼早期在中原地区应相当丰富，后来因为气候的改变及人类改变自然环境的能力和作为增加，鳄鱼才渐渐从中原地区消失。

《左传》中有记载，鲁昭公二十九年（公元前 513 年）的秋天，龙曾出现在晋国绛都，也就是现在山西侯马的近郊，人们感到惊奇、恐慌，有人想捕捉它，但又害怕。于是身为贵族的魏献子，便请教博学多闻的太史官蔡墨，蔡墨告知从舜至夏代，都有养龙、驯龙和吃龙的事，并列举古代驯龙者的氏族和后代，只是后来大地上水源少了，龙才成为稀奇之物。

《诗经》是中国从西周到春秋中叶（公元前1100到公元前500年）的一部诗歌总集，里面有许多当时动植物的名称，其中一段曾提到"鼓逢逢"，鼓就是由鳄鱼皮做成的大

汉画中的龙

鼓，可见我们的祖先应曾和鳄鱼共同生活过。当鳄鱼逐渐消失后，一些不真实的传说开始蔓延，在帝王选择它们为权力的象征后，神秘的色彩和形象便更为加剧。中西方学者曾不约而同考证出龙应是源自鳄鱼，且引证论述合理可靠，笔者深信龙应是源自鳄鱼无误。

番薯的故事

□曾雄生

有人说因台湾岛形似番薯，故台湾人自称番薯仔，著名的考古人类学家张光直先生就将自己早年生活的自述叫做《番薯人的故事》。不过也有人说，"番薯仔"是数百年前移民到台湾的汉人对自己的戏称。数百年前，以当时的地理和地图知识，对于大多数移民到台湾的汉人来说，也许并不知道台湾岛形似番薯，那么何以自称"番薯仔"呢？这可能与台湾人的主食番薯有关。

番薯之所以称"番"，是因为它是舶来品。番薯的老家在美洲，墨西哥以及从哥伦比亚、厄瓜多尔到秘鲁一带是它的出生地。哥伦布发现新大陆后，于 1493 年登陆欧洲，带回的第一批番薯，并把它献给了西班牙女王。16 世纪中期后，番薯在西班牙广泛种植，后来西班牙水手又把它带到了菲律宾，再由菲律宾传至亚洲各地。

番薯传入中国，并非一时一地，但大致估算的时间都是在明代万历年间，也就是 1573～1619 年，地点则是在广东和福建沿海一带。闽粤先民原本对于薯芋等块根作物就不陌生，他们在栽培谷类作物之前，就已经通过无性繁殖的方式栽培块根、块茎类作物。即便是在种植谷物之后的几千年，薯芋仍然是当地人重要的食物来源。

曾经流放到海南岛的宋代大文豪苏东坡，就提到当地所产稻米"不足于食，乃以薯芋杂米作粥糜以取饱"。他还有一首《和陶诗》提到了"红薯与紫芋"，不过这首诗也引起了一些误会，因为番薯在引进中国后，有些地方也称为"红薯"，因此，有学者认为苏东坡吃的就是番薯，把番薯引种到中国的年代一下往前推了几百年。实际上苏东坡所说的红薯和紫芋，是指在植物学分类上属于薯蓣科的山芋，而后来引进的番薯属于旋花科，宋代肯定是没有旋花科的番薯。

关于番薯在中国的引种，有三个不同版本的故事，故事的主人翁分别是广东东莞人陈益、广东吴川人林怀兰和福建长乐人陈振龙。他们分别在今越南（古称安南和交趾）、菲律宾吕宋岛等地经商行医，在当地接触到这种作物，发现了它蕴含的价值，而当时这些国家都严禁把番薯种传入中国，于是他们设法取得了番薯种，并带回了中国，从此番薯便在中国的土地上扎下了根。

细数番薯在中国的推广，陈振龙及其子孙功不可没。从16世纪末到18世纪后期，在近两百年的时间里，陈氏子孙拿着祖先传下来的薯藤和推广招贴等，行走于大江南北、黄河内外，把番薯从家乡福州近郊的纱帽池旁的空地，种到了京师齐化门外（今北京朝阳门外）。

在这漫长的过程中，他们也得到了地方官员和有识之士的支持。福建巡抚金学曾就以番薯为题，专门写了《海外新传七则》，下令全省推广，也因此番薯又被称为"金薯"。1608年，在家乡上海松江为父守孝的徐光启，曾托友人自福建莆田"三致其种"，而后在江苏试种成功，并作《甘薯疏》，力陈番薯的优点，介绍藏种和栽培方法。1749年，山东布政使李渭亲自撰写《种植红薯法则十二条》。1768年，陈世元将推广番薯过程中形成的文字档案结集，编成《金

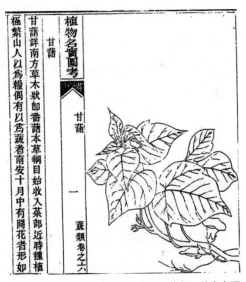

清·吴其浚著《植物名实图考》的甘薯条。从内容可知，《本草纲目》已有收录，可知传入中国可上推至明代。

薯传习录》一书。

番薯推广的成功，除了陈氏祖孙的努力和有识之士的支持之外，也与番薯自身的特点有关。徐光启将番薯的优点归纳为"十三胜"，指出它具有高产益人、色白味甘、繁殖快速、防灾救饥、可充笾实、可以酿酒、可以久藏、可作饼饵、生熟可食、不妨农功、可避蝗虫等优点。这些优点正符合明清时期，中国人口增长和农业发展的需要，是这一作物得以广泛种植的主要原因。

目前中国的番薯种植面积以及总产量均占世界首位，全世界一年种植番薯的总面积达 2.2 亿亩，而中国就占了 1.7 亿亩，面积和产量都占世界七成以上。广泛的栽培也从番薯多样性的称呼上得到佐证，番薯又名甘薯、山芋、朱薯、红山药、番薯蓣、金薯、番茹、红薯、白薯、土瓜、红苕、地瓜等，可看出因为分布到众多地方，而得到许多不同的别名。

台湾是最早引种番薯的地区之一，可能是经由福建、广东带入，也可能是台湾的先民直接从海外引种。1603 年，陈第撰写的《东番记》里面首次提到了台湾的番薯。1661 年郑成功大军攻台时，曾因粮食不足而向民间征集番薯，充作军粮，可见当时番薯已在台湾落地生根。

1757 年，陈云将番薯种到了京师齐化门外，从此在北京的小吃中又多了一道风物——烤白薯。卖薯者推着经过改装的平板车或三轮车，支着一只大圆桶，穿行在大街小巷，是旧时北京秋冬一景。"唉，烤白薯，热乎"的叫卖声，伴随着香气，飘满街巷，勾引起行人的食欲。1946 年，吃着烤白薯长大的张光直，从北京去了台湾。约一个花甲之后，北京市面上卖烤白薯的小贩日渐稀少，取而代之的是由店铺销售的"地瓜坊"，店面上写着醒目的招牌——来自台湾的美味。番薯仔将"烤地瓜"卖回了北京，让人不得不感慨，番薯藤牵着的时空转换。

不管跑遍大江南北或取了什么名，热腾腾的烤番薯都一样受欢迎。图为北京街口的烤白薯摊贩。

美术史料中的细犬

□ 张之杰

《西游记》第六回，孙悟空遭"七圣"围剿，老君从天上掷下金刚镯，打中悟空的头部，一个立足不稳，被二郎神的"细犬"赶上，"照腿肚子上一口，又扯了一跌"，这才被擒。细犬是什么狗？这个困扰我几十年的问题，直到最近几年才弄明白。

约六年前，偶然在电视上看到关中地区秋后"撵兔子"，也就是农闲时用狗追捕兔子的活动。对照画面，农民大爷口中的"细狗"，不就是原产埃及的灰猎犬（greyhound，或译作格雷伊猎犬）吗？

笔者一向主张，名物如有古称，应尽量遵循之，"细犬"这个称谓极其形象，较灰猎犬或格雷伊猎犬不知好上多少倍！细犬的饲育历史约五千年，可说是最古老的猎犬。现有很多品种，但形态基本一致：体呈流线型，嘴巴尖突，腰特别细，腿长而有力。细犬是狗中跑得最快的，约可达每小时60千米，适合追捕黄羊（瞪羚）、鹿等奔跑窜逃快速的猎物。

从1996年起，笔者放弃业余探索多年的民间宗教、民间文学和西藏文学，独沽科学史，至今发表论文约三十篇，其中近半数和科学史与美术史的会通有关。美术（绘画、雕塑、工艺等）的史料价值，往往非文字史料所能及，有时文字史料阙如，美术史料却留下鲜活事证。以下按照时代，由近而远，就记忆所及和手边所能掌握的细犬美术史料写篇杂文吧。

郎世宁曾为乾隆皇帝绘"十骏犬"，现藏于台北"故宫"博物院，图中除了一只藏獒，其余都是细犬。波希米亚籍宫廷画家艾启蒙，也画过"十骏犬"，现藏于北京故宫博物院，全部都是细犬，可见乾隆皇帝对细犬的偏爱。清代的皇家猎场木兰围场，位于河北东北部（原属热河）的坝上草原，在开阔的草原行猎，自以奔跑迅速的细犬最为适宜。

明宣宗是宋徽宗之外另一位擅长丹青的画家皇帝，他的《萱花双犬》，藏于美国哈佛大学博物馆，所画的两只细犬，耳毛及尾毛长而披散，可确定是原产中东的萨鲁奇细犬（saluki）。杨和之先生认为，元、明文献中的"鹰背犬"，就是这

明宣宗《萱花双犬图》，从披散的耳毛和尾巴，可确定是原产中东的萨鲁奇细犬。永乐、宣德朝中外交通频繁，图中两犬极可能是贡品。

种细犬。明朝永乐、宣德年间，中国和西亚交流频繁，经由进贡或其他途径，宫苑中有萨鲁奇细犬不足为奇。

在元代绘画中，首先想到的是刘贯道的《元世祖出猎图》，现藏于台北"故宫"博物院。此图绘元世祖忽必烈及其侍从出猎情景，元世祖着红衣披白裘，随从九人，有人架鹰，有人马背上驮着猎豹，地上有只细犬，黄沙浩瀚，朔漠无垠，这样的环境正是细犬和猎豹一展捕猎身手的场所。

宋代画家李迪，原为宣和朝画师，宋室南迁，逃到南方复职。李迪长于写生，擅绘花鸟动物，所作《猎犬图》现藏于北京故宫博物院，画幅只有一只细犬，其耳毛、尾毛较长，大概是只萨鲁奇细犬，但血统似乎不纯。

台北"故宫"博物院藏有五代后唐画家胡所绘的《回猎图》。胡是范阳人，或谓契丹人，擅绘北方游牧民族事物。图中绘有三位契丹骑士，

郎世宁《竹荫西纴图》局部，显示细犬吻突、腰细、腿长等特征。

其中两人用胸兜怀抱细犬，另一人的马背后方趴着一只细犬，描绘精细，毫发不失。从耳毛和尾毛来看，可能都是萨鲁奇细犬，这是笔者所知中国留存年代最早的萨鲁奇细犬史料。

骑士抱狗的画面，也出现在唐朝章怀太子墓壁画《狩猎出行图》。章怀太子（李贤）是武则天的次子，被武氏赐死。唐室重光，朝廷为之造墓，陪葬乾陵（唐高宗与武氏合葬之墓）。《狩猎出行图》绘骑士数十人，前呼后拥，其中数人怀抱细犬，数人架鹰，马背上还出现猎豹、沙漠猞猁（狞猫）等助猎动物，是研究唐代中外交通史和狩猎史的重要史料。

唐代绘画传世不多，魏晋南北朝更为稀少，唐代以前有细犬的记录吗？当然有。张隆盛先生雅好收集古代犬俑，辑有《中国古犬》一书，笔者刚好有这本书，从头翻阅一遍，

唐·彩绘细犬俑，为陪葬明器，形象惟妙惟肖，细犬特征无不毕现。引自张隆盛先生辑《中国古犬》。

发现内有汉代奔跑细犬俑一尊、六朝俯卧细犬俑两尊、唐代蹲坐细犬俑一尊、元代蹲坐细犬俑一尊、明代蹲坐细犬俑一尊、清代蹲坐细犬俑两尊。

从汉代奔跑细犬俑，我想起汉画，案头有部《中国汉画图典》，就仔细找找吧。不但找到，还不少呢！汉画大多取自民间墓葬，可见远在汉代，细犬在华北已相当普遍，才会留下不少记录。

根据《礼记注疏·少仪》，古人将狗分为守犬、田犬、食犬三类；《周礼注疏·犬人》将守犬称为吠犬；直到明代，李时珍仍采用这种分类："田犬长喙善猎，吠犬短喙善守，食犬体肥供膳。"所谓"长喙善猎"，显然是指细犬。

先秦的田犬是否就是细犬？笔者直觉地认为，应该就是。根据何炳棣先生名著《黄土与中国农业的起源》，黄河流域自古干旱，生物以草原为主，在这样的环境狩猎，当然以细犬最为适合。

不过笔者的直觉缺乏直接证据佐证，岩画或青铜器镶嵌纹上虽绘有猎犬，但绘制粗枝大叶，不易分辨品种。这个问题还须搜集更多史料，才能得出答案。

立帆式大风车

□ 林聪益

  能源与动力是社会文明进化的引擎，如何将能源转化成可用的动力，一直是人类用尽心思要发展的科学与技术。这种将能源转化成动力，使人用力寡而见功多的器械，称为动力机械，主要有水车、风车、蒸汽机、内燃机、汽轮机及马达。自工业革命以来，以煤炭和石化燃料为能源的汽轮机与内燃机是人类重要的动力引擎。近年来因气候变迁加剧，使用煤炭和石化燃料所产生的污染被指为祸首，人们亟须找寻新的洁净能源。风能即是主要绿色能源之一，而风车则以集

复原的立轴式风力龙骨水车

中式风力发电机重新服役于社会，然亦产生一些问题。相较于现在常见的卧轴式风车，立帆式大风车或许是另外一种适当科技。

立帆式大风车是中国传统的立轴式大风车，又称大风车或中国大风车。大风车的构造和操控原理不同于欧洲和西亚的传统风车，它是古代工匠利用船帆迎风原理，巧妙地运用海上的船帆，制作出具有自动调节功能的风力机械，用于水车提水的动力。使用时只需简单地操控帆索来调整风篷受风的面积与角度，便能适应于各种风的大小和方向，使风车始终保持最佳的迎风状态，从而有效地将风能转化成机械能，被称为是一个具有巨大利益和使用价值的发明。

目前发现大风车最早文献记载是在南宋（约 12 世纪初），被用来驱动龙骨水车。龙骨水车又名“翻车”，是具有独特链传动机构的链式水泵，为中国古代主要的传统提水机械。通常一架大风车可以驱动一至几个龙骨水车，用于提水灌溉或抽水制盐，称之为“立轴式风力龙骨水车”，主要分布在渤海地区和东南沿海地区。这种与欧洲卧轴式风车同样有着悠久的历史，却有着不同思路的大风车技术，也是古中国文明的一个代表，甚至可以说，它站在古中国农耕文明灌溉技术的高峰。

早期对风车的记载过于简略，没有指出装置的形制尺寸及风帆的数目。明代以后的文献渐多，其中，以清朝周庆云在《盐法通志》所记述之立轴式风力龙骨水车的构造较为清楚：

> 风车者，借风力回转以为用也。车高二丈余，直径二丈六尺许。上安布帆八叶，以受八风。中贯木轴，附设平行齿轮。帆动轴转，激动平齿轮，与水车之竖齿轮相搏，则水车腹页周旋，引水而上。此制始于安凤官滩，用之以起水也。长芦所用风车，以竖木为干，干之端平插轮木者八，如车轮形。下亦如之。四周挂布帆八扇。下轮距地尺余，轮下密排小齿。再横设一轴，轴之两端亦排密齿与轮齿相错合，如犬牙形。其一端接于水桶，水桶亦以木制，形式方长二三丈不等，宽一尺余。

下入于水，上接于轮。桶内密排逼水板，合乎桶之宽狭，使无余隙，逼水上流入池。有风即转，昼夜不息。

文中记述了立轴式风力龙骨水车是以立帆式大风车作为动力源，利用一平齿轮之齿轮机构，将动力传到传动轴另一端的龙骨水车，带动以逼水板构成的链条传动机构，能引低处水到高处。经进一步的研究得知，立帆式大风车具有一个八棱柱状框架结构的巨大风轮，约高 8 米，直径 10 米，它的中轴称为"大将军"，取自中国帆船桅杆的俗称，也证明大风车的设计概念来自帆船。大将军上部安装一个将军帽的滑动轴承，底端顶着一针状铁柱，即所谓的"头上戴帽足踏针"，如此，可承受七百多千克重量的风轮轻松运转。

风轮之八个棱柱上的桅子各安装了风帆，以承受四面八

平齿轮

传动轴

大风车以一平齿轮之齿轮机构将动力传到传动轴另一端的龙骨水车

方的风力。风轮的风帆有如水轮的叶片，用来撷取能量，而风帆的设计是来自中国纵帆，以帆布或蒲草来制作风帆。布帆尺寸约是长 4 米、宽 2 米，篷帆因容易透风因此长度增加到 4.5 米长，每张帆都是以升降升帆索调节风帆的高低，以帆脚索来控制风帆的受风面积。因此可以根据风速的大小，利用升帆索调整风帆的高度或增减帆脚索的长度，以改变风帆与风向的夹角，达到调节风车的转速。若风力过大，可站在定点，一一解放升帆索，风帆则逐次落下，以免转速超速破坏整个风车装置。

根据陈立在 1951 年针对渤海海滨风车调查报告指出，光在汉沽塞上和塘大两盐区就有风车六百余架，构造皆相同，其大风车的转速平常约为每分钟 8 转。另由 1957 年拍摄的影片《柳堡的故事》中，可知苏北地区使用大风车非常普遍，在距离海岸较远的盐城一带，一架立轴式风力龙骨水车约可灌溉 60 亩左右的农田。1950 年代，风力龙骨水车渐渐被马达或内燃机为动力的水泵取代，至 1970 年代后，大风车就渐渐在它曾经最繁荣的苏北地区绝迹了。直至 2004年，自然科学史的研究人员在苏北进行立帆式大风车的复原与调查，寻访到陈亚等当年制作、维修风车的木匠，按照原样大小，遵循传统工艺和传统用料，在 2006 年成功复原了一部具备实用功能的立轴式风力龙骨水车，也考察了与风车有关的民俗文化。目前更进一步进行"旧为今用"的研究工作，相对目前大型集中式风力发电机组，这种具成本低、维修容易、分散式深入生活特性的大风车技术，将是一能永续发展的环保风力机械。

四部医典挂图

□ 张之杰

1991 年 8 月间，我到拉萨出席研讨会，不幸染患感冒，在高原上感冒非同小可，与会学者都劝我赶快就医！大会设有医务室，驻有西医、汉医和藏医。出于好奇，我看了藏医，他给我开了六包药（两天份），都是咖啡色、绿豆大小的药丸，外表一色一样，但纸包上却盖着早晨、中午、晚上等字样。我正感疑惑，那位藏医对我说："藏药以丸剂为主，早晨、中午、晚上的药是不一样的，你不能吃错了。"

我和他聊起来，他告诉我，藏医自成系统，对解剖学的理解远非汉医所能及。我问："有介绍藏医的书吗？"他说：

"最好是看原典，《四部医典挂图》已有汉译本，你可以找来看看。"于是冒着呼吸困难，搭乘计程车跑了一趟西藏人民出版社，搬回一部好几千克的大书——《四部医典系列挂图全集》。

在介绍《四部医典系列挂图》之前，容我匀出点篇幅说明自己和西藏结缘的经过。故事追溯到 1966 年，笔者师范专业毕业后到居家附近的中学实习一年。校长谭任叔女士让我挂名设备组长，钟点较一般老师少，为了打发时间，决定翻译一本书。起先翻译大三时读的细胞学，越译越无趣！译什么？我想起大三暑期借阅过的 Roof of the World——Tibet, Key to Asia（世界屋脊——西藏，认识亚洲的钥匙），就再次借来，每天翻译一页，利用实习的一年，将该译的部分译完。

翻译工作完成，随即入营服役，退伍后进研究所，毕业后留校任教，升任讲师那年（1971 年）秋，在报上看到出版社的征稿启事，寄去译稿，蒙主编陈冠学先生的青睐，年底就出版了，这是我的第一本书。

因为翻译《世界屋脊——西藏，认识亚洲的钥匙》，使我对西藏事物特别注意。1988 年秋，辞去当前的工作，到居家附近的出版公司上班，报到之前到北京、山东旅游三周，买回若干藏学书籍。1991 年 3 月，在报上写了篇 3000多字的杂文，介绍史诗《格萨尔王传》，呼吁学术界："何不暂时离开一下红学、敦煌学或什么学，将目光移向世界屋脊上的伟大史诗！"这篇杂文被澳门藏学家上官剑璧女士看到了，她和我联络，介绍我出席在拉萨召开的"第二届格萨尔王传国际学术研讨会"，同年 8 月踏上思慕已久的圣城——拉萨。

拉萨之行，最大的收获是收集到大批汉译西藏文学书籍，成为编选《西藏文学精选》（慧炬，1992）的基础。至于《四部医典挂图》，只用来写了篇杂文，就将之束诸高阁。

2010 年暑期，我到台北"故宫"看西藏文物展，看到三幅《四部医典挂图》，不禁想起那部久未翻阅的大书，决定写篇杂文。

《四部医典挂图》成书于 8 世纪，出自吐蕃王朝医圣宇妥·宁玛元丹贡布之手，经过历代藏医增补、注释，内容越来越充实。到了 17 世纪，达赖五世宠臣、著名学者桑结嘉措将其注释本刊刻行世，该书才正式定型。

顾名思义，《四部医典挂图》分为四大部分。第一部《总则本集》，共六章，是藏医总论。第二部《论述本集》，共三十一章，说明解剖、生理、病因、病理、饮食、起居、药物、器械和诊断、治疗等。第三部《秘诀本集》，共九十二章，是内科、外科、妇科、儿科等临床各论。第四部《后续本集》，共二十七章，着重各种药物的炮制和用法。

《四部医典挂图》内容深奥，遂有挂图兴起。此时，印度卷轴画（藏人称为唐卡）已传入西藏，用来传讲佛法。《四部医典挂图》流传后，常有医家以唐卡辅助教学或传讲医

第五图：人体胚胎发育

学。15世纪以后，唐卡发展出很多流派，描绘《四部医典挂图》的挂图，也发展出南北两派，北派长于人物，南派长于药物。17世纪末，桑结嘉措召集各地名医及南北派画师，完成一套六十幅的《四部医典系列挂图》. 其后又补绘十九幅，于1703年完成。

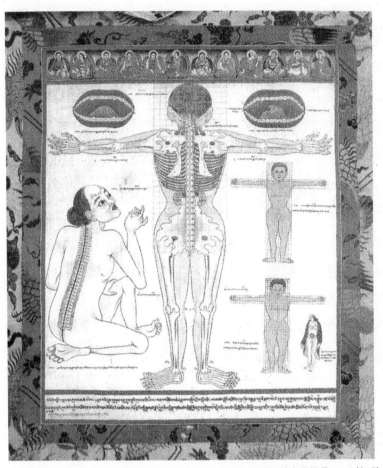

第十图:人体骨骼(背面):藏医认为骨骼分为 28 八种、360 块,其中脊椎骨 28 八块、肋骨 24 条。

　　我买回的《四部医典系列挂图全集》。《四部医典系列挂图》描绘精细,画风接近印度细密画,除了解剖图、脉络图和针灸图,其余都由众多小图构成,举例来说,藏医引以为傲的胚胎发育图,约含有 71 个小图。外科器械图约有一百种器械。挂图中的药图,大多形态逼真,甚至可以按图索骥。

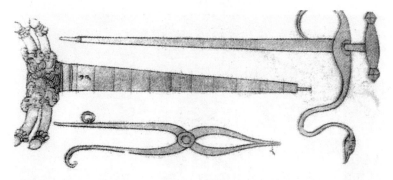

第三十六图:医疗器械之三种外科器械——两种中空有芯手术钳及鸭嘴手术钳。

　　整体来看,《四部医典挂图》主要有三个源头,即印度、本土和中原地区。源自印度的如解剖、脉络、外科等,源自中原地区的如脉诊、针灸等。8世纪初成书时,可能还没有汉医的成分。青藏高原所特有的药物,如藏红花、红景天等,当然源自本土。至于藏医的病理观念,和藏医所重视的尿诊等,是否源自本土待考。

历史上的冷暖期变迁

□ 刘昭民

近年来，由于全球暖化现象日益严重，全世界各地不但年平均气温不断地升高，高山地带的冰川不断地退缩，北极圈的冰帽不断地溶解，连南极的冰山也漂移到离澳大利亚和新西兰不远的地方。另外，极端天气也频频出现，例如超猛的飓风摧毁了美国德州南部，损失高达 1000 亿美元以上。2008 年春天，中国的华东、华中、华南出现空前的大雪灾，亦损失数百亿美元以上。

全球暖化和气候变迁问题于是引起全球人类的忧虑，大家也开始进行减碳行动，热心人士也有拍摄《±2℃》影片，警告人们，若不赶快进行减碳行动，当全球年平均温再增加2℃，则世上将有一百处接近海平面的地方将被上升的海水淹没，包括观光胜地的马尔代夫与大溪地，可见气候变迁问题已不容世人忽视。借此机会，让我们来回顾中国五千年来的暖期和冷期变迁情形，从古代气候变迁造成的问题，来进一步认识明日可能遭逢的困境。

许多中外气候学家曾根据考古学上的资料、孢粉分析、树木年轮、农作物的生长和分布历史资料（稻、桑、竹、苎麻、柑橘）、动物之分布情况（鳄鱼、象、竹鼠、貘、水牛）、物候学资料、气象气候历史资料，定出五千年来之气温变化曲线和冷、暖期变化情形，与欧美科学家所定出的挪威雪线变化曲线以及使用氧同位素（O^{18}）研究格陵兰冰帽所得出变化曲线相比较，可见彼此之变化趋势非常近似，兹将我国五千年来之暖期和冷期略述如下。

根据西安半坡村仰韶文化地下遗迹所出土的大量竹鼠遗

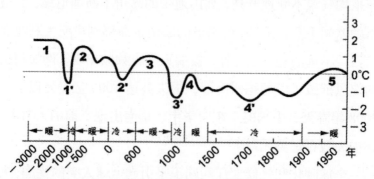

中国五千年来平均气温变化曲线与冷暖期分布情形。图中 1、2、3、4、5 代表五个暖期，1'、2'、3'、4'代表四个冷期。

骸，可见仰韶文化（距今五千年前）至殷商时代（公元前1122年），黄河流域年平均温要比今日高2℃~3℃，而殷商时代出土甚多的竹鼠、貘、獐、水牛、象等今日南方森林才有的动物骨骸，以及周朝亦多刻有象、竹形象之铜器，可知殷商和周朝初叶，为暖湿气候时期。

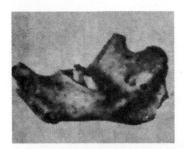

(A) 西安附近半坡村仰韶文化地下遗址出土之竹鼠遗骸。(B)竹鼠遗骸复原图。

根据《竹书纪年》，周朝初期和中期的 250 年为冷期，长江和汉江在这段时间曾经结过冰，就如《竹书纪年》书上记载：

周孝王七年（公元前 903 年）冬，大雨雹，江汉冰，牛马冻死。

周孝王十三年（公元前897年）冬，大雨雹，江汉冰，牛马冻死。

根据推测，当时的年平均温较今日年平均温要低0.5℃。

到了春秋战国时代至西汉时代的五百年间，为暖湿气候时期。这一段期间《左传》、《礼记》、《淮南子》等书中有很多"冬无冰"、"冬不冰"记载的描述，和《夏小正》、《吕氏春秋》中所记载的桃始华（开花）、蝉始鸣、燕始见等象征春天开始的现象，发生的时间较今日均早一个月，因此显示当时之年均温要比今日高 1.5℃。

紧接着的东汉时代到隋朝的六百年为冷期。在这六百年中的史书多有夏雪、夏寒的描述，甚至出现夏六月，寒风如冬时，冬大寒大雪大旱的记录。三国时代甚至有过长江、淮河、汉江冬季结冰，显示小冰河期之征象。南北朝北魏时代的《齐民要术。卷一·种谷》第二篇便有记载当时的农时和物候说：

> 二月三月种者为植禾，四月五月种者为禾，二月上旬及麻菩杨生种者为上时，三月上旬及清明节，桃始花，为中时，四月上旬及枣叶生，桑花落为下时。

这些物候记录，都显示这些地方发生桃始花、枣叶生、桑花落的时间，要比今日同样的物候发生在中原的时间迟上 15～30 天，可见当时年均温较今日低 0.5℃～1℃。隋唐及北宋前半期的四百年为暖期。在这四百年中，因为温带气旋位置偏北，以致中原冬不下雪，所以史书里有很多冬无雪、冬

北魏时代《齐民要术》所记载的农时和物候关系。

无冰之记录，河南和陕西均生长李、梅、柑橘等今日见于秦岭以南之果树，所以当时年平均温高于今日1℃。

北宋后半期到南宋前半期的三百年为冷期。从北宋太宗时代开始，气候又转寒，江淮一带漫天冰雪的奇寒景象再度出现，小冰期再莅中国，中原一带在唐朝以后种植的李、梅、柑橘果树皆遭冻死的命运，淮河、长江下游、太湖流域皆完全结冰，车马可以在结冰的河面上通过，记载这些史实的方志有六百多种之多，而当时年均温比今日低1℃～1.5℃。

南宋后半期的一百年又转为暖期。在这一百年中冬无雪、无冰的记载相当多，属于夏凉冬暖的时期。元明清时代的六百年为冷期，也是小冰河时代。根据方志和史书的记载，长江、淮河、太湖、鄱阳湖、洞庭湖等都曾经结冰，人骑可行，连夏霜雪、夏寒的记载也相当多，当时的年均温比今日低1℃。

从清德宗至今就一直是暖期了。清末以后，由于工业化和科技发展的结果，大气中的二氧化碳含量越来越多，全球出现暖化现象，各地冰河川逐渐向上退缩，各地年均温均逐年升高，开始进入很明显的暖期。

由本文之叙述，可知中国历史上的冷期和暖期期间都十分长久，最初的暖期大约有2000年，后来的冷期和暖期大周期为一百年到六百年不等。暖期时气候比较暖湿，所以农业生产和民生经济水平比较高，有利于出现太平盛世（例如汉武帝时和唐代初期），而冷期时气候比较干冷，农作物容易歉收，甚至发生饥荒，造成社会动荡不安，以致朝代灭亡。

谈中国的马种

□杨和之

　　中国人驯养马匹甚早。在《尔雅》中，马部的字就有四十几个，除一些驭马专用术语外，几乎各种毛色的马都有专用字。只有在马匹极其普遍的情况下，才有必要造这么多的字。

　　养马虽早，但中国马种却不怎么样。周以前都以四匹并列拉一辆车，只有车战而无骑战，直到战国末期才出现骑兵。当时最好的马，可从秦始皇陵墓中出土的兵马俑看出。整批殉葬俑按等身比例塑造，几千个兵俑都是精挑细选的壮汉，马匹也应该比当时一般的标准高很多。

秦始皇陵墓中出土的兵马俑，按等身比例塑造，马的肩高约 135 厘米，并非良驹。

秦的祖先因善于养马而发迹，传统上特注重马匹饲育。其马种水准，在七雄中可能只有同为"养马专家"造父之后，又率先胡服骑射的赵国堪与比肩。但陵墓所见的马俑，肩高却只有 135 厘米左右，体型小，肌肉也不够厚实，以今天的标准看实在不怎么高明。最好的马不过如此，难怪秦始皇威势足以并吞六国，却对匈奴如此忌惮，要动员数十万人修筑长城加以防范了。

事隔 2200 多年，中国马种情况如何呢？据调查，当时的马可分三大类型，肩高如次：

●蒙古马：肩高约 120 ～ 137 厘米，平均 128.4 厘米。

●华南马：肩高平均 115 厘米。

●西康马：肩高约 111 ～ 130 厘米，平均 121 厘米。

这些数据显示，不管哪一类型的马，普遍都不如秦代马俑高大。秦俑的马是特选的，一般马应该和调查资料显示的差不多。2200 多年来马种居然没什么变化，这是不可思议的。

不可思议之一是，人类驯养禽畜，总会择优繁育，不断改良，让较具经济效益的个体繁衍更多后代。于是绵羊毛越来越长，牛乳产量越来越高，猪体可供食用部分比率越来越大。按理说，用于骑乘、驮载的马匹，也该越来越高壮才对。不可思议之二是，就算本土马因基因限制不能再改良了，但历代都曾引进不计其数的西域良驹，却似乎不曾再对本土马种产生任何影响。

按照西方习惯，称乘骑用马种为"热血马"，牵曳用马种为"冷血马"。里海周围地区是世界上最佳"热血马"的原产地，其支系不少，大多颈细腿长，筋肉结实。今天世界上大多数名种都有其血统。从史籍追索，汉以后此一系统马种进入中国者几乎每个朝代都有。最早引进大批西域名驹是汉武帝时代。这位雄才大略的皇帝苦于匈奴威胁，为了编组强大骑兵对抗，亟需寻找优良马种。听说贰师城产"汗血宝马"，于是遣使求取。交涉不成派兵远征，取得上等马几十匹，中等以下马三千匹而回。匈奴式微后，通往西域的阻碍降低，以大宛马为代表的西域马种进入中原更容易了。

数百年后的大唐盛世，万邦来朝贡献万物，包括许多西域骏马。今天所见唐代绘画及唐三彩的马，大多身高腿长，体壮膘肥。虽然没有等身实物可资测量，但从人马的比例看，其肩高应在150～160厘米，绝不逊于目前许多世界名种。

五代后继统的宋朝国势积弱，也没有许多好马。但北方的契丹、女真、蒙古族都以骑射立国，皆注重马种饲育改良。而元朝更建立了史上版图最大的帝国，里海周围良马产地全属其辖境，大批西域马种进入大都（今北京）不足为奇，史载元廷骏马难以俱述。

即使到了明朝，仍常有哈列、萨马尔罕等西亚国家来贡良驹，甚至一代雄杰帖木儿死后，所遗坐骑还被继承者作为贡品进献。清朝更不用说了，从郎世宁所画八骏图，即可想见乾隆掖庭良驹之概。

既然历代引进不计其数的异种良驹，为什么到头来中国马的普遍形态，还和两千多年前相差无几呢？

或曰西域马种不适应中原的气候、食物，这当然可能。不过就以常情言，即使亲代水土不服，也不难利用杂交优势培育适应本土的下一代，再经"级距繁殖"，不断提升品质。例如当今冲刺速度最快的"纯血马"，就是三匹阿拉伯种公马与一群英国母马反复杂交的后代。中国引进热血系统马种的历史较西方悠久得多，何以竟无改进土产马作用？

或许进口良驹只供战阵及骑乘，未用于繁殖？这也不对。事实上历代多重视马政，普遍都设置牧马监、牧马场，有些还有皇家牧场（如明的御马监、清的天驷院）专司繁育。就算官僚腐败、宦官侵渔，也不该全无孑遗。

又或许良马只养在宫中及军队，与民间马种无干？但历代都常有饲养域外骏马的记述，没哪个朝代曾规定不准。而许多王朝崩溃后，禁中器物多流入民间，马匹若像"王谢堂前燕"一样"跑进寻常百姓家"，也是十分正常的。

总之，中国马种两千多年的一成不变，就牲畜育种的角度是很难令人理解的。

外来中药西洋参

□ 罗桂环

　　西洋参通常称作美洲人参、花旗参，是常用的一味补益中药。说起它成为中药"百草园"中的一员，还有一段有趣的故事。

　　众所周知，人参是一种重要的补益药物，由于它在国人养生和疗疾中的突出地位，以至近代的西方人士往往对它充满兴趣。虽然西方人没有因此栽培人参，却导致他们发现了美洲人参属植物的西洋参。

　　事情还得从 18 世纪初说起。1701 年，有位叫杜德美（P. Jartoux）的法国传教士来华，他根据中国许多药学书籍对人参功效的记载，以及自己的亲身体验，发觉人参对提高身体机能，成效卓著。另外，他发觉把人参叶子当茶泡着喝，味道也很好。于是在 1708 年（康熙四十七年），他利用受命到东北测绘地图的机会，调查了人参的产地。

杜德美于 1711 年 4 月 12 日给印度和中国传教会的会长写了一封信，详细介绍了人参。他在信中提到：1709 年 7 月，他来到一个距朝鲜很近的村子，亲眼见到当地人采集的人参，他从中取出一支，依其原来的大小，详尽地画下其形态，附于信中，一起寄给会长。信中并附有人参产地、形状、生长状况及如何采集的详细说明。他还指出，人参产地"大致位于北纬 39～47 度之间，东经 10～20 度（以北京子午线为基准）之间……这使我觉得，要是世界上还有某个地方生长此种植物，这个地方恐怕是加拿大。因为据在那里生活过的人们所述，加拿大的森林、山脉与此地颇为相似。"根据生物学家的调查，野生人参的自然分布在北纬 40～48 度之间，说明杜德美的推论是非常可靠的。

在杜德美的开发下，不久另一法国传教士拉菲托（F. Lafitau）在印第安人帮助下，很快在加拿大找到了西洋参。后来发现，这种植物在北美洲的五大湖一带非常多，其自然分布区在北纬 30～48 度之间。然而，当这种植物被送回法国的时候，人们并不认为它有什么营养作用。头脑灵活的法国商人，马上想到以美洲人参的名义运到广州。直到 1750 年，法国人已将数量不小的加拿大西洋参运来我国，国人也

西洋参

很快地接受。乾隆年间的医生吴从洛在他1757年刊行的《本草从新》一书中，已经对西洋参的药性、气味、功能、形态和产地进行了记述。

由于从18世纪开始，我国一直花费大量的外汇进口西洋参，因此有人考虑引种这种药用植物。1906年，有个福州人成功地在当地种植了西洋参，不过并没作为商品栽培。到了20世纪40年代，庐山植物园的陈封怀等又从加拿大成功地引种到庐山，但由于科研经费不足以及鼠害问题，未能使之推广。直到1975年，祖国大陆再次从美洲引种，并大面积栽培成功。目前在东北、西北和华北等地都有较大面积的栽培，其总面积达六千亩左右。其中以北京怀柔栽培最多，栽培面积达二千五百多亩。虽然祖国大陆西洋参栽培有一定的规模，年产量也在十万公斤以上，但仅占需求量的10%多一些，因此每年仍然从美国和加拿大进口大量的西洋参。

从古人偏好单眼皮说起

□ 张之杰

　　单眼皮是蒙古人种的特征之一，起因是上眼睑的上方脂肪较多，形成一道褶襞，将上眼睑盖住。中国是个多民族国家，随着南方民族融入，双眼皮早已十分普遍，但历代仕女图所画的美女，全都画成单眼皮，这显然和审美观有关。

　　写作那篇通俗文章时，我注意到审美观的转变问题。唐人崇尚浓艳丰肥，明清崇尚柔弱清瘦，这意味着什么？是中国人的体质愈来愈孱弱的写照吗？人的胖瘦主要取决于营养，盛世和衰世营养状况不同，但盛唐把仕女画胖，晚唐何曾画瘦？康乾盛世，还不是画得病恹恹的。绘画，特别是仕女画，反映的不是现实，而是集体意识所形成的审美观。

审美观反映着民族兴衰，当人们视多愁多病为美，怎能不日趋文弱？中国人原本以硕大为美。《诗经·卫风·硕人》写齐庄公的女儿庄姜嫁给卫庄公的事，庄姜是个大美人，她除了"手如柔荑，肤如凝脂……巧笑倩兮，美目盼兮"，还有高大的身材。以"硕人"做篇名，先秦的审美观已不言而喻了。

汉唐继承先秦的审美观，试看汉画，哪一幅不是人强马壮，大汉天威岂是偶然！再看唐代绘画和唐三彩，无不健硕而有生气，大唐雄风如在眼前。即使是五代和两宋，所绘人物也不失雍容。然而到了明清，以硕大为美的审美观丧失殆尽，所绘仕女，个个成为弱不禁风的病美人。我

唐·周昉《簪花仕女图》局部，显示凤眼单眼皮。

曾研究过东洋画，日本人虽然矮小，但浮世绘所画的人物，无不高大健硕。

西学东渐以前，无人对中国的病态审美观提出反省，据我所知，只有龚自珍写过一篇《病梅馆记》，可惜未能发生

任何影响。到了抗战时期，罗家伦的《新人生观》有一篇《恢复唐以前形体美的标准》，提出积极的见解。中国人真正脱卸病态审美观，应归功于毛泽东。毛泽东时代的艺术可用"高、大、壮"三个字概括。

毛泽东说过："矫枉必须过正"，毛泽东时代革命艺术的意义或许就在此吧？他将病态审美观扫进历史中。

谈谈眼镜的历史

□ 张之杰

　　我小时候眼睛非常好。高三那年，听一位当兵的玩伴说，飞行军官吃飞行伙食，每餐都有鸡腿和牛排。这消息对我们这些穷小子很有吸引力，于是瞒着家人报考空军学校。当空军，先得通过体检，我的视力没问题，没想到反而是因为鼻子的一个先天性小毛病，没能吃成飞行伙食。

　　上了大学，课业加重，视力没以前好了，但直到毕业，仍然维持在 1.2 左右。进入研究所，课业更重，加上学的是组织学，天天看显微镜，视力退步到 0.9 至 1.0。接下去长期从事文字工作，视力不可能不退步。但不管怎么说，在同龄人中我的眼睛算是最好的了，至今未戴眼镜。

我的眼睛这么好，两个儿子却从小就戴眼镜。并不是因为他们比我更用功，而是用眼力的机会多了。做完功课，马上看电视或玩电脑，眼睛一刻也不得休息，焉能不近视？我们小时候班上戴眼镜的寥寥无几，如今不戴眼镜的反而成为异类，抚今追昔，能不感慨系之？

眼镜是西方文明的产物，也是最早传到中国的光学仪器。文艺复兴以前，中西科技各擅胜场，但在玻璃方面，中国远远不如西方。中国只会制造半透明的玻璃饰物，西方很早就会制造透明玻璃。约公元前 200 年，巴比伦人就会吹制玻璃器皿。到了古罗马，玻璃工艺已相当成熟。

西方人擅长玩玻璃，玩久了难免会有意想不到的发现。大约 1286 年，一位意大利比萨城的佚名玻璃工，无意间发现透镜可以矫正视力，于是眼镜这种光学仪器开始登上历史舞台。眼镜渐渐普及，古籍和古画上开始出现眼镜，最早的眼镜文献是一幅作于 1352 年的画像。因此我们可以大胆地说，最迟到 14 世纪中叶，眼镜已在欧洲的上层社会普及开来。

早期的眼镜都是老花眼镜，也就是矫正远视的凸透镜，直到 16 世纪才有矫正近视的凹透镜。这些早期眼镜镜框很小，没有镜架，佩带时直接夹在鼻梁上。由于使用不便，后来又发明了系绳式眼镜，也就是系上绳子，套在头上或耳朵上。再经过改进，带镜架的眼镜就出现了。

眼镜大约明朝初年（15 世纪初）传到中国，刚传入时

明人绘《南都繁会景物图卷》局部，图中出现眼镜。

称为"瑷瑷"，这是阿拉伯语或波斯语的音译，可见这个西洋玩意儿是经由伊斯兰教国家传进来的。到了明末，眼镜已十分普遍，有些人甚至以制造眼镜维生。中国不产平面玻璃，就用水晶代替，效果反而较玻璃更好。

到了18世纪，各大城市出现了眼镜店。文人墨客开始咏眼镜，清初大曲词家孔尚任，四十多岁作过一首《试眼镜》，其中有句："西洋白玻璃，市自香山岙。制镜大如钱，秋水涵双窍。蔽目目转明，能察毫末妙。暗窗细读书，犹如在年少。"试戴眼镜的欣喜溢于言表。

中国古代对动物杂交的运用

□曾雄生

　　杂交技术是现代农业中所广泛采用的一种育种技术，自20 世纪五六十年代以来，随着杂交技术的日益进步与广泛运用，培育出大量的高产能农作物品种，如杂交玉米、杂交水稻等，从而导致了所谓的绿色革命。

　　在此之前，中国很早就将杂交优势用于家畜。今日华北地区常见的家畜骡是雌马与雄驴杂交所产的后代。东汉许慎《说文解字》说：骡，驴父马母也；駃騠，马父驴母也。骡和駃騠保留了驴和马的一些外形特征，似驴非驴，似马非马。駃騠较少用处，人们不会主动让雄马、雌驴杂交。

骡

　　马和驴的杂交最初是在自然状态下进行的。先秦时期的北方游牧民族，便利用马驴杂交产生杂种后代骡和驶騠，并开始输入内地。秦、汉天下统一，随着内地与西北边疆少数民族地区联系的日益加强，原本产于西北地方的驴、骡则被大量地引进到中原地区，促进了内地驴、骡业的发展，和对驴马杂种优势认识的提升。

　　北魏贾思勰《齐民要术》说：驴覆马生，则准常。以马覆驴，所生骡者，形容壮大，弥复胜马。意思是说雄驴配雌马所生的，杂种优势不太明显，而雄马配雌驴所生的骡（即驶騠）则优势明显，要做到这一点，则必须对母驴有所选择，要求齿龄七八岁，而且骨盆大的，然后所生骡才具有优势。说明当时，人们不仅认识到了马驴杂交具有优势，而且注意到杂交优势与母体效应的关系。

中国古代的动物杂交不仅运用于马驴之间，还用于其他动物的育种，如牛、鸡、鸭、家蚕等。

牛便是牦牛和封牛杂交的产物。牦牛原是一种凶猛的野牛，在青藏高原被驯化后，成为藏族人民最重要的家畜。在藏族和周围各族的交往之中，他们引进了封牛品种，然后与当地牦牛杂交，产生了牛。牛保留了牦牛的优点，但比牦牛性情更温顺，肉味更鲜美，产乳量更高，驮运挽犁能力更强，对气候变化的适应性也胜过牦牛。牛的记载始见于唐代，而牦牛与封牛杂交生牛的记载则最早见于明代叶盛的《水东日记》。

摆夷鸡是家鸡与野鸡杂交所产生的后代。中国云南西双版纳族，从前称为摆夷。摆夷地区有一种野鸡，是现代家鸡的祖先，历史上摆夷人曾利用家鸡与野鸡杂交，培育出摆夷鸡，又名矮鸡，其特点是足短而鸣长。

骡、牛和摆夷鸡最初都是在少数民族居住地出现的，而以种田养蚕为主的中原地区，在动物杂交技术方面也有成就，这不仅是中原地区很早就利用了骡等杂交培育出来的家畜进行生产和运输，而且也进行了一些杂交育种方面的工作，如将杂交优势运用于蚕种生产。明代宋应星在《天工开物》中提到，用一化性的雄蛾与二化性的雌蛾杂交，透过人工选择培育出新的良种。

中国古代蚊香的发明

□罗桂环

蚊子是人们非常讨厌的一种"吸血虫"，人们对这种虫子的厌恶由来已久。宋代著名学者欧阳修写的《憎蚊》诗中说它们"虽微无奈众，惟小难防毒"。让人感喟"熏之苦烟埃，燎壁疲照烛"就突显了人们这种心境。

为了防止蚊子的祸害，人们逐渐发明蚊帐和蚊香。其中蚊香的发明可能与古人端午节的卫生习俗及烧香祭祀的习俗有关。《荆楚岁时记》记载："端午四民踏百草，采艾以为人，悬之户上，禳毒瓦斯。"早年端午节人们除了在门口插上艾草外，还常浸泡雄黄酒涂在身上。这样做可能使空气清新一些，其次还有防止蚊子叮咬的作用。记得年幼的时候，母亲在端午节往我额头点雄黄酒的时候，就说可以防止蚊子咬。一般家长还会给自己的孩子挂上香袋，再吃一些蒜头增强防病和驱虫的效果。

另外，我国历来有烧香祭祀的习俗。烧香从什么时候开始产生，目前已难稽考，但汉代应已开始，因为在西汉时已经有香炉。另外，史籍记载，汉代曾透过焚烧"月至香"以"避疫"。说明烧香的功能已从"与神明沟通"延伸到"避疫"。

蚊香出现的具体时间目前还不太清楚，从上述欧阳修的诗中可以看出人们已用烟熏的办法驱蚊。不过，欧阳修的诗中没有提到用何种材料产生烟雾。根据笔者看到的资料，原始的蚊香出现于宋代。宋代冒苏轼之名编写的《格物粗谈》记载：端午时，收贮浮萍，阴干，加雄黄，作纸缠香，烧之，能祛蚊虫，这应当是较早的"蚊香"。其中提到的材料是很有意思的，雄黄是硫化砷矿石，也是古代用途很广泛的杀虫剂。书中还提到制作蚊香时，于端午节时取材，不禁让

日本燃烧蚊香用的蚊香猪

人联想到"蚊香"与这个节日插艾草和喝雄黄酒的习俗有某种关联。

明末的《谭子雕虫》一书记载：蚊性恶烟，旧云，以艾熏

之则溃。然艾不易得，俗乃以鳗鳝鳖等骨为药，纸裹长三四尺，竟夕熏之。上述记载说明古人确实曾用端午节悬于户外的艾作熏蚊的材料。当然这种蚊香的产生，在制剂技术上可能还跟艾在针灸用途产生的启发有关。根据宋代《本草衍义》记载："艾叶干捣筛去青渣取白，入石硫黄为硫黄艾灸。"很可能是在这种"硫黄艾灸"制作工艺的基础上，使人们联想到将浮萍干末加雄黄粉制作出实用"蚊香"。

宋代的蚊香在清代江南地区得到进一步改善。有关这点笔者没有查到国内的文献资料，但从一个近代来华采集茶种的英国人福琼（Robert Fortune）的著作《居住在华人之间》（A Residence among the Chinese）中看到相关记载。1849年，福琼从浙江西部到福建武夷山的途中，由于气候炎热潮湿，他和随从都被蚊子叮得整夜无法合眼。后来随从购买了当地人使用的蚊香，对驱杀蚊虫很有效。他把这个讯息带回欧洲，引起西方昆虫学家和化学家极大的兴趣。后来，他在浙江定海了解该蚊香的配方，发现此种蚊香由松香粉、艾蒿粉、烟叶粉、少量的砒霜和硫黄混合而成。

尽管中国古代已经有蚊香，但进行技术革新并使之进行工业化商品生产却是由外国人首先进行的，这说起来不免让人遗憾。

麟之初

□ 杨和之

　　麒麟是中国历史记录上经常出现的动物，然而多半疑点重重，难以确信。除了明初盛极一时的长颈鹿外，很难断定是哪个物种。

　　最早关于麟的明确记载，是《春秋·哀公十四年》："西狩获麟。"可惜孔子惜墨如金，无法让人理解究竟是什么动物。

　　阐述《春秋》的三传中，《左传》叙述事实，《谷梁传》解释笔法，对物种特征似乎不感兴趣。倒是《公羊传》有长篇大段的惊人之语。说是"有王者则至，无王者则不至"的"非中国之兽"，如今好不容易出现，却被地位低下者杀了。

孔子因而伤心落泪："吾道穷矣！"还说麟的样子是"麇而角者"。

历代注疏家在《公羊传》基础上加油添醋，越描越像回事。大致为鹿身、牛尾、狼额、马蹄、独角。是连生草都不肯践踏的"毛虫"（相当哺乳动物）之长。更重要的，是在"领袖圣明"时才会出现。因此，历代总有不少家伙刻意编造让皇帝乐一乐，光是汉章帝在位的十三年当中，麒麟就出现五十一次。

许多没头没脑的麒麟不免让人怀疑。宋代海路大开，听说有一种叫"giri"（索马利亚语）的颈高腿长怪兽，遂有人开始附会，但还不是很普遍。直到郑和下西洋后，这动物真的以进贡的名义来了，于是顺理成章"对号入座"。谁敢触皇帝霉头硬说不是麒麟呢？

然而长颈鹿只产于东非（生物地理学称"衣索比亚区"），不可能跑到山东来。孔子所见的物种，必须从更早的文字、文献中推求。

就文字看，"麟"是后起形声字。甲骨文有两种象形文写法。特征是角、尾都分三岔。三代表多数，兽类中只有鹿角多岔，但没有岔尾的，这是表示尾长而尾端带毛，是一种形态特殊的鹿种。

甲骨文麟字的两种写法

《诗·周南·麟之

趾》："麟之趾，振振公子，于嗟麟兮！麟之定，振振公姓，于嗟麟兮！麟之角，振振公族，于嗟麟兮！"将麟的趾、定（额头）、角等比喻为贵族，大概是较为稀有，且这些部分不同于其他鹿。

从这些线索推断，这应是今俗称"四不像"的麋鹿。绝大部分鹿种的尾巴都只短短一截，就它长达三十厘米，且尾端有长毛。就蹄（趾）而言，鹿科动物只有它和古人不可能见到的驯鹿蹄特宽。就额头而言，它的脸特长，两角基之间特宽。就角而言，一般鹿角第一岔多向前；只有它朝后，且特长。

就习性来说，一般鹿种栖息地多为草原林间，它却活动于沼泽地带。各种特殊性状多是适应环境而特化的，如长尾

武汉动物园的四不像鹿

可驱赶蚊蝇、宽蹄适宜泥泞。

关键就在此。人类开始农耕后，河边泽岸先成良田，不断开发，结果使这特殊鹿种生存空间越来越小。《诗经》的年代数量已经不多，故用以比喻贵族。到了春秋末年山东地区大致绝迹，除了博学多闻的孔子，已没人认得那从外地迷途而来的倒霉家伙了。

大凡习见之物不用多说。不曾存在者则无从说起。只有过去确有而如今早绝者才有想象空间。麟的形象变化，正反映一个物种的消失过程。

以虫治虫的古老妙方

□佘君

在生物界中，各种生物之间存在着微妙的生态关系，其中，食物链的关系就是其中一种。古人很早就认识到生物之间的这种关系，并将其应用到农业、园艺当中。

在传称西晋（265—316）嵇含所作的《南方草木状》一书，有一则用黄蚁防治柑子树病虫害的记载。书中写道：

交趾人（今华南地区和越南北部）以席囊贮蚁鬻于市者，其窠如薄絮囊，皆连枝叶，蚁在其中，并窠而卖，蚁赤黄色，大于常蚁。南方柑树若无此蚁，则其实皆为群蠹所伤，无复一完者矣。

从这则史实中，可看出华南一带的农民当时已用蚁防治柑橘蠹虫。文中指出，用于防治柑橘害虫的是一种赤黄色的大蚂蚁，如果不用它防治害虫的话，柑橘的果实常常遭受巨大损坏。这段记载表明，我国农民已经在一千多年前开始颇有成效的生物防治。

除了《南方草木状》对黄蚁防治柑橘树害虫有记载以外，还有很多古书也记载了这方面的知识。比如，唐代段成式《酉阳杂俎》、刘恂《岭表录异》、南宋庄季裕《鸡肋编》等。而清初广东人屈大均在《广东新语》一书中，对这种用蚁防治柑橘害虫的具体措施记载的尤为详细。书中说："土人取大蚁饲之，种植家连窠买置树头，以藤竹引渡，使之树树相通，斯花果不为虫蚀。柑橘、林檬（即柠檬 Citrus limonum）之树尤宜之。"对蚁的养殖和施放技术都有细致的描述。

此中所说的赤黄色的"蚁"、"大蚁"，据西北农林科技大学的周尧教授研究就是黄蚁，学名为黄猄蚁（Oecophylla smaragdina Fabricius），又叫"黄柑蚁"，属

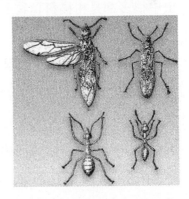

黄蚁图，左上为雌蚁，右上为雄蚁，左下为大工蚁，右下为小工蚁。

蚁亚科。黄蚁大型雄蚁体长 1 厘米左右，雌蚁的形体比雄蚁大，体长在 1.6 厘米左右。体呈黄色。总体而言，它确实"大于常蚁"，而且呈"赤黄色"。

黄蚁分布于广东、广西、海南、云南等地，国外在南亚、东南亚以及澳大利亚等气候温暖的地区也有分布。它是一种树栖昆虫，常喜筑巢在枝叶较密的树上。巢主要以幼虫吐出的分泌物和植物叶子等黏结而成，幼虫是筑巢过程的重要工具。幼虫在营巢活动中被小型工蚁的上颚叼着穿梭于植物叶子间，从而使植物叶片被幼虫吐出的丝黏结在一起，形成一紧密的巢。因此古书记载黄蚁"窠如薄絮囊，皆连枝叶。"雄蚁日夜守护在巢外，一旦受惊，大量雄蚁会涌出巢外，张开上颚，竖起腹部，从肛门射出一种液体以御敌。

黄蚁捕食大绿春象、吉丁虫、橘红潜叶甲、天牛、铜绿丽金龟、叶甲（金花虫）、绿鳞象甲、叶蜂等昆虫。这些昆虫中很多都是柑橘科植物的天然害虫，也就是古书中记载的"群蠹"。

值得一提的是，黄蚁尽管分布很广，但中国对它的利用是最早的，而且现代闽粤等地的柑橘园中还有采用这种方法防治虫害。在中国古代有关生物和农学的著述中，还有不少这类病虫害生物防治的记述。充分的挖掘和整理这方面的遗产，在强调减少农药污染，保护环境的今天，依然有良好的借鉴意义。

郑和的宝船有多大？

□ 张之杰

我写了一篇文章《海的六百年祭——为纪念郑和下西洋六百周年而作》。也参加了"纪念郑和下西洋六百周年国际学术论坛"，此行得到不少第一手资料。

在文中，我说太仓今属南京，错了，今属苏州才对。这是过于轻忽所致。其次，关于郑和宝船的尺寸，在文中写道："郑和的旗舰长 44.4 丈

下西洋造船厂遗址所出土宝船舵杆

（125.65 米），宽 18 丈（50.94 米）。"这是根据《瀛涯胜览》某一版本的记载，也是唯一的记载。郑和下西洋的档案于成化年间悉遭焚毁，所幸有三位基层随员各自撰成一部小书，其中以通译马欢的《瀛涯胜览》最为丰富，笔者写作时并未深思，就随俗写下这个数据。

在我参加了"龙江宝船厂遗址公园"开园仪式后，我开始对长"44.4 丈、宽 18 丈"的说法产生怀疑。

第一，龙江造船厂遗址原有七条作塘（船坞），现在只剩三条，我们参观过已挖掘过的六号作塘，目测宽度约 40 米。另两条作塘的宽度目测与此相若。当时就想：这个宽度的船坞能建造 50.94 米宽的宝船吗？

将长 44.4 丈、宽 18 丈折合成 125.65 米、50.94 米，是根据福建出土的一把明尺（28.3 厘米）折算的。考古学家挖掘六号作塘时，出土了一把明尺（31.3 厘米），依此折算，长宽增为长 138.97 米、宽 56.34 米。以作塘的宽度，要建造宽 56.34 米的宝船就更难想象了。

待我查完资料，果不其然："第六作塘的横截面呈倒梯形：上口宽 44 米，下底宽 12 米～15 米。两作塘间的堤岸也呈梯形：上宽约 33 米，下宽约 60 米。"就算堤岸较现今高出许多，上口的宽度恐怕还是不敷建造 50.94（甚或 56.34 米）宽的宝船吧。

第二，除了船坞不够大，郑和宝船的长宽比约 2.64：1，世间哪有这种"腹大腰圆"的船？明初设立的宝船厂，明中

纪念郑和下西洋六百周年发行邮票。

改称龙江船厂，根据嘉靖年间刊刻的《龙江船厂志》，龙江船厂造过二十三种船舶，长宽比大多超过 5∶1，最宽的浮桥船，也超过 4∶1。山东蓬莱出土的元代战舰，长宽比约6∶1。现今的战舰可至 8∶1。所谓郑和宝船长 44.4 丈、宽18 丈，明显有违常理。

第三，古画中帝王游玩用的龙船或楼船，长宽比的确较小，因此有人认为，长 44.4 丈、宽 18 丈的宝船，或许用作仪仗，只在江中巡弋，并不出海。郑和是个太监，明初太监还不敢胡作非为，郑和会傻到建造比太和殿还大的宝船招摇惹祸吗？

第四，木材的刚性，能否支撑长 44.4 丈、宽 18 丈的船体？希望材料学家计算一下。喧腾一时的拉法叶舰，长不过125 米，宽不过 15.4 米。以木材制作比拉法叶舰还要大的船，材料问题能解决吗？

郑和的宝船到底多大？答案是：它一定很大，否则就不会"篷帆锚舵，非二三百人莫能举动"，但长 44.4 丈、宽 18 丈的说法显然是不正确的。

神州名花——杜鹃

□ 罗桂环

杜鹃是因鸟名而著称的花卉。《华阳国志·蜀志》等古籍记载，周代末年，蜀帝杜宇因悲亡国之痛，死后魂魄化作杜鹃鸟，悲鸣啼血染红了杜鹃。北宋诗人梅尧臣为

杜鹃花之一的艳紫杜鹃

此在一首吟咏杜鹃的诗中写道："月树啼方急，山房客未眠，还将口中血，滴向野花鲜。"杜鹃鸟有浓烈的悲情色彩，以至于爱国诗人文天祥在他南归无望时沉痛地吟下"从今别却江南路，化作啼鹃带血归"的千古绝唱。杜鹃也因此有如烈士遗孤，让人充满爱怜。

上述典故是种颇富浪漫色彩的联想，这种联想很大程度上生动反映出杜鹃在四川普遍分布，和杜鹃鸟开始啼鸣时代表明花季已到的实际生活经验。现代植物学研究发现，中国西南的藏东南、川西南和滇北的横断山区是杜鹃花的发祥地和现代分布中心。这是一个庞大的家族，全世界有 850 种以上，然而在中国就有 600 多种。

杜鹃分布的地域差别很大，植物的大小高低也大不相同。矮小如匍匐在藏东南石壁上的紫背杜鹃（Rhododendron forrestii）高不过数寸，伟岸如长于云南西部的大树杜鹃（R. giganteum），高可达 25 米。杜鹃的花色丰富，争奇斗艳，美不胜收，被誉为中国天然三大高山名花（另两类是龙胆和报春）。杜鹃不但在西南种类繁多，而且在其他地区普遍分布，它们常在山区成片生长，有时宛若花的海洋，有"木本花卉之王"之称。古人很早就注意到这类美丽的花卉。

杜鹃这一个名称较早见于李白"蜀国曾闻子规鸟，宣城还见杜鹃花"的诗句。早先人们提到的杜鹃主要是常见的映山红（R.simsii）。宋人记述它分布于"山坡欹侧之地，高不过五七尺。花繁而红，辉映山林，开时杜鹃始啼，又名杜鹃花。"这种花在笔者的故乡闽西叫羊角花，是一种高 2 米左右的灌木。枝条细而直，有毛。叶卵形或椭圆形，绿色。花两朵簇生枝顶；花瓣五片，粉红或鲜红色，长四厘米，脆甜可食。结卵圆形果实。映山红春秋均可开花，花粉红色。在清明前后花开时，漫山遍野灿若红霞，蔚为壮观。它广泛分布在长江流域各省，东至台湾，西至云南和四川，变种非常多。

映山红在古代也称"山石榴"，是古人非常喜爱的一种花卉。唐代诗人白居易对它似乎情有独钟。他被贬江西九江时，不仅栽种，而且还用来寄赠朋友。他的《山石榴寄元九》这样写道："日射血珠将滴地，风翻火焰欲烧人……花中此物似西施，芙蓉芍药皆嫫母。"白居易的诗中还提到一种"山枇杷"，很可能指的是分布于秦巴山区的美容杜鹃（R.calophytum）。诗中这样写道："火树风来翻绛焰，琼枝日出晒红纱。回看桃李都无色，映得芙蓉不是花。"足见诗人对此花的激赏。唐代栽培的杜鹃已不止一种，李德裕的《平泉山居草木记》里面已经有两种杜鹃。现在著名的栽培种类除映山红外，还有尖叶杜鹃、腺房杜鹃、似血杜鹃和露珠杜鹃等。

一百多年来，英美等国大量引种杜鹃，培育众多观赏品种，已达 8000 多种，仅次于月季，成为世界园林花卉中的后起之秀。

中国古代石油的利用

□ 杨维哲

石油在直觉上，与能源、引擎、燃料、塑胶等科技名词相连。在空间上，直觉会设定在欧美科技先进地区或中东的产油区。在时间上，会设定在近两个世纪。在一般观念中，很难把石油与古代的中国联想在一起。其实，石油早已被先民利用，虽不普遍，但用途是很多元的。石油在中国历代主要的用途简述如下：

制烛与照明

唐、宋以来，陕北地区开始用含蜡量甚高的石油制作蜡烛，称作石烛。南宋诗人陆游在《老学庵笔记》中谈到石烛：“烛出延安，予在南郑数见之，其坚如石，照席极明，亦有泪如蜡，而烟浓，能熏汗帷幕衣服。”宋白的《石烛诗》中有“但喜明如蜡，何嫌色似黳”句。据此，可猜测石蜡可能用天然流体沥青灌成，故色黑。到元代，石蜡制烛已有相当规模，还出现了灌烛工厂。明代，陕北地区发展出用石油点灯的技术，明代曹昭《格古要论》记载：“石脑油出陕西延安府。陕人云：‘此油出石岩下水中，作气息，以草拖引，煎过（注：可能是简单的蒸馏），土人多用以点灯。’”据此可见，五百多年前，我们的先人已初步掌握了从石油中提炼灯油的技术。

制墨

北宋时沈括发明了用石油烟焰制墨，并给这种墨起名为“延川石液”，这是世界上以石油制造炭黑的开始。沈括《梦溪笔谈》卷二十四：

> 鄜延境内有石油，生于水际沙石，与泉水相杂，惘惘而出。土人以雉尾挹之，乃采入缶中，颇似淳漆，燃之如麻。但烟甚浓，所沾帷幕皆黑。予疑其烟可用，试扫其烟以为墨，黑光如漆，松墨不及也。遂大为之，其识文为‘延川石液’者，是也。此物后必大行于世，自予始为之。盖石油至多，生于地中无穷，不若松木有时而竭。今齐、鲁间松林尽矣，渐至太行、京西、江南，松山大半皆童矣，造烟人盖未知石烟之利也。

补漏

元朝周密《志雅堂杂钞》：

酒醋缸有裂破缝者，可用炭烧缝上令热，却以好沥青末掺缝处，令融液入缝内，更用火略烘涂开，永不透漏，胜油灰多矣。

润滑

晋代张华《博物志》：

酒泉延寿县南，山出泉水，大如筥，注地为沟，水有肥如肉汁。取著器中，始黄后黑，如凝膏，然极明，与膏无异。膏车及水碓釭（注：釭就是油灯）甚佳。

治皮肤病

清赵学敏《本草纲目拾遗》卷二引常中丞《宦游笔记》：

西陲赤金卫东南一百五十里，有石油泉。色黑气臭，土人多取以燃灯，极明，可抵松膏。或云可治疮癣。

《元一统志》：

在宜君县二十里姚曲村石井中，汲水澄而取之（指

宋《武经总要》猛火油柜图

石油）。气虽臭，而可疗驼马羊牛疥癣。

作战时之火攻武器

北宋曹公亮的《武经总要》和明朝茅元仪的《武备志》这两部有名的兵书上，都详细地说到用石油的攻守方法，限于篇幅，不在此赘述。

古人观测湿度的方法

□ 刘昭民

科学史话

　　念过气象学、地球科学和物理学的人都知道，大气湿度的变化和天气的转晴或下雨、浓雾的出现或消散，都有极密切的关系。当大气湿度增加时，极有利于下雨或者出现浓雾。反之，当大气湿度减少时，天气将转晴，也不利于浓雾出现。所以现代的气象人员要使用干湿球温度表、毛发湿度计、毛发湿度表等仪器来观测大气的湿度，提供给预报员从事天气预报之用。古代先民虽然缺少这些现代化气象仪器来观测大气的湿度，但是他们很早就已经注意到大气湿度的变化对天气变化的影响，并使用简单的工具来观测大气湿度的变化了。

早在西汉武帝时（公元前 120 年），我国先民就已经发明天平式的测湿器。《淮南子》《说林训》上说："悬羽与炭而知燥湿之气。"同书《泰族训》上说："湿之至也，莫见其形而炭已重矣！"同书《天文训》上说："燥，故炭轻；湿，故炭重。"

可见当时他们是在类似天平的两端，分别悬挂等重的羽毛和木炭，木炭吸湿后就变重，而羽毛没有吸湿性，故重量不变，这样就可以测出空气中水汽和湿度的增加或减少了。

而西方，直到 1450 年，才有德国人库萨（Nicola de Cusa）发现羊毛有吸湿性，因而发明悬挂羊毛球和石块的天平式湿度计，用以测定空气中的湿度，较我们中国人晚了1600 多年。

到了晋代，张华在《感应类从志》中说："悬炭知雨，秤土炭两物，使轻重等，悬室中，天将雨，则炭重。天晴，则炭轻。"可见晋初，中国人已经把这一种类似天平的测湿器，进一步利用，作为预测晴雨的工具了。

木炭　羽毛

古人所发明的天平式湿度计，左为木炭，右为羽毛。

我国先民也很早就发现，利用琴弦的变化可以测定大气湿度的变化，并预测天气的晴雨。早在西汉武帝时，《淮南子》《本经训》中说："风雨之变，可以音律知之。"意思是说，可以根据琴瑟之弦的音律变化，测知天气的变化（实际上是大气的湿度已经起了变化）。

　　后来王充在《论衡·变动篇》中明确地指出："天且（将）雨，琴弦缓。"意思是说，如果琴弦松了，天就将下雨。因此可根据琴弦的长度变化来判断大气湿度的变化，并预测晴雨，这可以说它已经孕育着悬弦式湿度计的原理了。而西方，直到 17 世纪才有胡克（R. Hook）首制肠线湿度计和燕麦须湿度计（上面有刻度盘和指示针，可以测定湿度的大小），其原理和琴弦式湿度计一样。明代的《田家五·拾鱼》还谈到，琴瑟弦索调得极合，则天道必是一望略无纤毫，方能如是。若是调猝不齐，则必阴雨之变，盖依气候而然也。若高洁之弦，忽自宽，则因琴床湿故也，主阴雨之象。前文说明琴瑟的元件所产生的音调音，如果老是调不好，则必定是空气中的湿度大增所致，所以能预测将有降雨现象，这比前人说得更清楚。

　　可见，我国古代虽然还没有气象科学，但是很早就已经知道利用各种工具量测大气的湿度变化，而且比西方早很多。

挽马和挽狗

□ 张之杰

李约瑟《中国科学技术史》，开篇即讨论兽力拖曳问题，篇幅占 60 多页，内容以挽马法的演进为主。马的体型不像牛，牛的背部隆起，刚好可以套上用弯木头做成的"轭"，用来拉车十分方便。马的背部平整，用来拉车，只能把绳子绑在马的身上。

把绳子绑在马身上的方法称为"挽马法"。第一种实用的挽马法——胸腹法，是在马的胸部和腹部各绑一条带子，胸带和腹带在马背上交会，挽马的绳子就拴在交会点上。胸带被腹带牵扯着，不容易滑到颈部，压迫到喉咙。

胸腹挽示意图,狗(右)系根据汉墓出土明器绘制,马系根据巴比伦浮雕绘制。

　　不论中西,最初使用的挽马法都是胸腹法。这种挽马法虽然不会勒住马儿的喉咙,但仍会压迫马儿的胸部,影响马的效率。古埃及、古西亚、古希腊或罗马的马车,车子都很小,通常只坐两个人,却要用两匹马或四匹马来拉。中国春秋时的战车,一律用四匹马来拉,也只能坐三个人。这时的马车看起来威风凛凛,其实效率都很低,根本就跑不远。

　　胸腹法大约使用了两千年,到了秦汉之际,中国人发明了胸肩法,效率稍微提高。到了魏晋朝间,中国人又发明了一种高效率的挽马法——护肩法,使马儿的力量提高五倍!过去要用五匹马拉的车子,现在只要一匹就够了。这种理想的挽马法于十世纪传到欧洲,对交通、运输产生了深远的影响。详情请参阅李约瑟著作,兹不赘述。

　　李约瑟指出,虽然西汉时胸腹法已为胸肩法取代,但直到后汉,挽狗仍然使用胸腹法,李约瑟以一张汉墓出土陶制犬俑图片证明其论述。李约瑟又说,至今西伯利亚东部的土著仍然使用胸腹法挽狗。

多年前初读李约瑟著作时，不禁想到一个问题：在六畜中，狗成为家畜最早，马成为家畜最晚。挽马法是不是从挽狗法直接沿用过来的？

关于挽马法的演进，一般的说法是：最初的挽马法，可能把绳子直接套在马的胸部，这虽然方便，但马儿跑起来绳子会上下移动，很容易勒住喉咙，于是人们加以改进，才发明了胸腹法。如果胸腹挽马法发明之前，人们早已用胸腹法挽狗，这个过程岂不就要重新思考了。

笔者至今还没找到以胸腹法挽狗较胸腹法挽马更早的证据，但揆诸情理，不能排除其可能性。如果这个想法属实，挽狗和挽马就有其关联性。

李约瑟所说的西伯利亚东部土著以胸腹法挽狗，当然指的是用来拖拉雪橇。至于汉墓系有胸带和腹带的犬俑是用来做什么的，想来不外挽车或牵引。关于挽车，西方至今仍用大型狗拖拉小车为人送牛奶等轻便物品，但中国古书上似乎没见过"犬车"的记载。

关于牵引，一般狗儿固然适合颈挽，但牵引凶猛的大型狗，仍以胸腹法为宜。大型狗如遽然猛力向前冲，颈挽会伤到喉咙。如今宠物店中仍可买到胸腹挽的装具，有时也可看到有人以胸腹挽牵引着大型狗遛狗。

张隆盛先生雅爱收集犬俑，曾将其收藏辑为《中国古犬》。该书载有多幅汉墓出土犬俑，凡是体型粗壮、面目狞恶的，都系有胸带和腹带。据杨和之先生说，先秦时犬分为食犬（肉用犬）、守犬（守卫犬）、田犬（猎犬）三类。汉墓出土的粗壮、狞恶犬俑，显然属于护卫墓圹的守犬。

　　根据《中国古犬》一书，魏晋以后作为明器的犬俑，以弄犬（玩偶犬）为主，田犬为次，大多不系装具，或仅系颈圈。育种和审美观等文化因素息息相关，汉朝人以硕大为美，汉墓出土守犬大多体型粗壮、面目狞恶，难怪必须以胸腹法牵挽了。

这詹不是那詹

□ 张之杰

　　读了著名学者樊洪业先生的大作《科学旧踪》，其中的一篇《这詹不是那詹》，很有启发性，权且删节一下，与读者共享。

　　樊先生所说的"这詹"，是指清末铁路专家詹天佑。詹先生最为脍炙人口的功绩，就是修建中国第一条自行设计的铁

火车的自动挂钩——詹氏钩

路——北京到张家口的"京张铁路"。这条铁路要经过崇山峻岭，工程十分艰巨，外国报纸以讥讽的口吻说："中国修建这条铁路的工程师还没诞生！"詹天佑不畏艰难，只用了四年就全线通车。这段历史相信大家都不陌生。

除了修建京张铁路，不知从什么时候起，人们盛传火车自动挂钩是詹天佑发明的。《詹天佑和中国铁路》一书更绘声绘色地叙述此事："在丰台车站铺轨的第一天，京张铁路工程队的工程列车中有一节车钩链子折断，造成脱轨事故，费了很大力气才恢复原状，影响到部分列车的行驶。那些不相信中国人自己能修好铁路的人，到处造谣说：詹天佑在铁道的头一天就翻了车，这条铁路不用外国工程师就靠不住。但列车钩链折断的事故却提醒了詹天佑：不仅要有坚固的路基和标准的轨距，还要使列车的车厢之间能够紧紧地连贯在一起……后来他终于发明了自动挂钩，使十几节车厢牢固地结合成一个整体。这种挂钩现在通用于全世界，人们称为'詹氏钩'"。

图为晚年时的詹天佑

樊先生说，他原先对詹天佑发明火车自动挂钩的事深信不疑，后来看到了中国铁路界的前辈凌鸿勋先生的文章，才知道问题并不那么简单。凌先生在《七十自述》中提到，1961 年为了纪念詹天佑百年华诞，凌先生曾写了一本《詹天佑先生年谱》，否定了詹天佑发明火车自动挂钩的说法。

樊先生说，再后来，他见到了凌先生的另一篇文章，称"詹氏钩"的发明人是美国人，大意是说：南北战争结束后，美国人詹尼（Eli Hamilton Janney）在一家仓库工作，每天上下班都会经过铁路调车场，经常看到工人为连接车辆而发生伤亡，遂兴起发明的念头。经过八年的努力，于 1873 年 4 月获得改进设计的专利。

樊先生更从詹同济先生译编的《詹公天佑工学文集》中，翻阅到由詹天佑编著的《新编华英工学字汇》，其中有 Janney coupler，当时译为"郑氏车钩"。由此更可以看出，詹天佑早就知道这种自动挂钩，他本人也没有掠人之美的意思。

因此，"詹氏钩"的詹，不是詹天佑的"詹"，而是美国人詹尼的"詹"。在詹天佑的功劳簿上去掉一笔"詹氏钩"，如果他地下有知，相信也会欣然同意。

古代的车和车轮

□刘广定

　　车是机械史上最早的发明之一。先民大概是先知道利用树干一类的柱形物，以滚动方式在陆地上搬运较重的物件，然后逐渐改进而发展成以圆片状物为车轮的"车"。其用途也渐由载物扩大到载人，以及作战用的"战车"。就结构而言，可能先有比较稳固的"四轮车"，后再演变成容易操控的"两轮车"。动力方面，应是从人力改进为畜力。

　　据笔者所知，今伊拉克南部古名"乌尔"（Ur）地方苏莫人（Sumerian），约公元前3000年的神殿基石下方嵌瓷图中，已有由两匹波斯野驴（onager）牵引的"四轮战车"，其车轮是整片实心的。另在美国芝加哥大学所藏一块石灰石浮址的壁雕也有波斯野驴所拉的"两（实心）轮车"。考古学者曾在公元前 2500 年乌尔遗址中发掘出这种车轮，及美索不达米亚遗址中得到铜制两（实心）轮车模型。

"有辐轮"是"实心轮"的改进，李约瑟认为最早约在公元前 2000 年出现于北美索不达米亚地区。笔者经眼的几幅古代中东地区有辐轮车的图片如下：

约公元前 7 世纪的亚述浮雕，轮为六辐。

（一）公元前 1500 年左右，埃及的土板画中有二轮车，轮为 4 辐。

（二）公元前 1475 年，埃及底比斯（Thebes）地方古墓壁图，表现"四辐轮"的做法。

（三）公元前 1334～1325 年，埃及"图坦卡门"（Tutank-hamun）墓中有几个"六辐轮"。

（四）公元前 12 世纪埃及古墓壁画，及今土耳其南部赫梯人（Hittite）遗址的壁雕，都有二轮战车，轮为 6 辐。

（五）公元前 12 至公元 8 世纪腓尼基人之遗物中，有祭神用小型青铜二轮车，轮为 6 辐。

（六）公元前 9 世纪和公元前 7 世纪亚述人遗留之壁雕，都有二轮战车，轮均为 6 辐。

（七）公元前 900 年，亚述人遗留的青铜浮雕有轮为六辐的二轮战车。

（八）公元前 600~550 年，波斯王大流士宫殿遗址的浮雕中，马车轮为 12 辐。

（九）公元前 5 世纪，希腊瓶画中载人用二轮双马车，其轮为 4 辐。

中国古代的车，相传"黄帝作车"或"奚仲作车"。奚仲是夏代（约公元前 20 至公元前 16 世纪）的官员，但均无实证。最早的车和车轮是自殷墟出土，属于商代后期，约合公元前 13 至公元前 11 世纪。因此，包括李约瑟在内的科学史家多常认为"作车"的技术是由中东地区传入中国的。唯笔者不以为然。

理由之一是木制车易朽坏，没有实物留存，不见得就可证明古时不存在。但更重要的理由是，中国在公元前 13 至公元前 11 世纪的车，特别是车轮的设计，已超越中东地区很多。例如轮辐愈多，轮愈坚固耐用，然制作也愈复杂。中国已出土的殷代车轮大多为十八辐，河南安阳孝民屯有一出土之轮竟有 26 辐！西周的车轮大多为 20 ~ 24 辐，东周则多增为 26 ~ 28 辐。前述公元前 600 至公元前 550 年，波斯王大流士时期的马车轮才仅 12 辐，应该说中国古代的车有自己发展的历史了吧！

佛经中的胡狼

□ 张之杰

有一次，友人杨和之先生来访。杨先生谈起他写的一篇谈胡狼的短文，说："中国人竟然不知道有胡狼这种动物！"我直觉的反应是，佛经应该提到过。《法华经·譬喻品》的"火宅喻"提到一大串动物，会不会就有胡狼？

案头有部《法华经》，翻开"火宅喻"，看到"狐狼野干，咀嚼践踏，咋啮死尸，骨肉狼藉"的句子。野干是什么动物？过去曾思考过，但没认真查。杨先生说，野干和狐、狼并列，大概是种犬科动物吧？我有部《中英佛学辞典》，先查"干"字，无所得；再查"野"字，我找到了！

《中英佛学辞典》对野干的解释如下：

Śrgāla; jackal, or an animal resembling a fox which cries in the night.

从这段释文中，得到两个重要讯息：其一，野干不是野生的"干"（我误解了几十年），而是梵文 Śrgāla 的对音（双子音头一个子音通常不发音）；其二，野干就是 jackal（胡狼）。杨先生的大作早已发排，来不及修订，那就由我来续貂吧。

上网查找，发现野干在佛经中频频出现，从中可以看出古印度人对它的认知和印象。在认知方面，野干出没于坟冢间（《大宝积经》卷四十一、《佛说长阿含经》卷十一），靠狮子、虎、豹吃剩的残肉存活（《大智度论》卷十四），都和胡狼的实际行为相吻合。

在印象方面，每个民族都有轻视、嘲讽的动物，对古印度人来说，野干似乎就是其中之一。《百喻经》有一篇"野干为折树枝所打喻"：野干被吹落的树枝打中，就再也不到树下。《说法经》有个守株待肉的故事：野干发现一种树的果实像肉，掉下来时才知道不是，但转念一想，说不定树上的是肉，就守候着不去。

在佛经中，"野干鸣"相对于狮子吼，比喻修行未臻成熟就妄说正法。《别译杂阿含经》卷十一就说："亦如雌野干欲作狮子吼，然其出声故作野干，终不能成狮子之声。"《未曾有因缘经》借着野干之口，说出古印度人对它的综合印象："于是野干，心自念言，畜生道中，丑弊困厄，无过野干。"释悟殷撰有《从律典探索佛教对动物的态度》，论述野干甚详，读者可以参考。

接下去，笔者要谈另一个问题："胡狼"一词的来源。中国不产胡狼，当然是西学东渐后翻译的（译者显然不知jackal就是佛经中的野干）。那么是谁译的？什么时候译的？

那天送走杨先生，忽然想起家里有半部《动物学大辞典》。找出来随手一翻，就是"凡例"，其中一条："动物名称以学名为标准，我国固有之普通名，现时通用者概已采入，无固有普通名者，用同类之固有名称，加以识别之语，例如'胡狼'、'海蜗牛'等。'狼'、'蜗牛'为同类之固有名称，'胡'、'海'为所加识别之语。"明言"胡狼"这个词是编者取的，并用来作为范例，这可能就是答案了。

黑背胡狼

从车轮谈《考工记》的年代问题

□ 刘广定

十三经中的《周礼》因内容为职官与制度，设官分职，所以又称《周官》。其职官原分天、地、春、夏、秋、冬六大类，但据说"冬官"已佚，西汉末期刘歆以《考工记》代替，成为《周礼》的末一卷。中外科技史界一向对《考工记》评价甚高，例如李约瑟认为是"研究古中国工艺学之最重要文件"。许多中国科技史学者则视之为中国"古代手工业技术规范的总汇"。然确否如此，却可商榷。

还有，《考工记》既是汉时人补入《周礼》的，其成书年代究为何时？则长期以来，众说纷纭。清人江永在他的《周礼疑义举要》（卷六）中认为，《考工记》为"东周后齐人所作"。

以下将以中国古代的车轮为例说明之：

有辐的车轮主要含外框（"牙"，或称"辋"），辐条与轴心三部分。《考工记》规定了车轮直径（"轮崇"），外框横截面周边（"牙围"）之尺寸与"轮辐三十"之数："兵车之轮六尺有六寸，田车之轮六尺有三寸，乘车之轮六尺有六寸……是故，六分其轮崇以其一为之牙围……轸之方也以像地也，

秦始皇陵铜车马出土局部,取自《秦始皇陵铜车马发掘报告》。

盖之圆也以像天也，轮辐三十以像日月也。"（《周礼注疏》卷四十）

　　笔者曾从已发表的考古报告，自殷周至战国三十处墓地出土几百个车轮的相关数据，知仅少数几个车轮的直径尺寸合于《考工记》的规定，另少数几个车轮为三十辐，"牙围"也仅有少数接近轮径 1/6。即使山东临淄之齐国贵族墓出土的车轮，亦仅一部分轮径大小接近《考工记》的规定或车辐为三十根。所以，就车轮而言，工匠并不依照《考工记》的规定制作，而可证《考工记》并非什么"技术规范的总汇"，也不是齐国人所著。

　　但秦始皇陵出土中的两铜车马，均是"轮辐三十"。惟系殉葬明器，轮径较小。其中一号车之牙围 11.5 厘米，接近轮径 66.4 厘米的 1/6，但二号车则相差很多。再者，"兵马俑坑"之多辆木造战车里也有三辆是"轮辐三十"，但是轮径和牙围均不符《考工记》所述之辐数。

　　按照周代车轮多为 24～28 辐去推算，战国中晚期《老子》"三十辐共一毂"的观念似由此而生。因而衍生出"轮辐三十"，以三十表示日月（每月三十日）来配合"天圆"（圆车顶）、"地方"（方车身）。秦国自秦王政亲政（公元前239 年）以后，一方面加强武力而另一方面建立规章制度，为统一华夏之准备。《考工记》极可能乃采各国经验，于此目的下撰成。惟始皇帝一统华夏后十六年（公元前 221 年至206 年）秦亡，《考工记》未得流行，故极少付诸实用之事实。

古人如何观测雨量?

□ 刘昭民

中国、印度、埃及、巴比伦（今日的伊拉克）等文明古国，自古以来都是以农立国。也就是说，自古以来各国农作物收成的好坏，都要看雨水是否充分而定，所以各国很早就已注意雨量观测的问题。

例如，印度先民很早就使用碗来观测雨量的多少，可惜没有加以量化。中国各地先民在东汉时代，都要将立春到立秋期间所下雨量的多寡，向上呈报朝廷，如果雨下得少，就要进行求雨礼（见郑樵《通志》卷四十二《礼乐》），但是缺少观测雨量多寡方法的记载。

中国古代雨量器最早有明确记载的，见于南宋时代秦九韶的《数书九章》第九章卷二《天池测雨》（完成于 1247年），其中记述的雨量观测："今州郡多有天池盆以测雨水。"

可见宋代每一省和每一都会（州郡）都有雨量器的设置。秦九韶在卷二《天池测雨》中所叙述的雨量器，盆口径八寸，底径一尺二寸，深一尺八寸，接雨水深九寸。他运用数学方法算出平地雨降三寸。

南宋时代的雨量器虽然构造简单，不够精确，而且还要运用数学计算的办法，才能算出雨量，但是以科学发展的过程来说，任何科技的发明和创造，都要经过由浅入深，由粗糙到精细，由片面到全面的阶段，在宋朝时代，想出这些办法来测量雨量，已经很不容易了。

明太祖和明仁宗时，朝廷也曾经命令全国各州县要向朝廷上报雨量，当时曾经统一颁发雨量器。清初康熙和乾隆时，朝廷也曾经先后向全国颁发雨量器，当时中国和朝鲜（韩国）各地都设有测雨台，其上置有高一尺，广八寸的雨量器，并有标尺，用以测定雨量，均使用黄铜制造。

欧洲直到 1639 年（相当

清朝初年的测雨台

于中国明思宗崇祯十二年），才有著名科学家伽利略的一位学生，意大利人卡斯特利（Benedetto Castelli）首先在意大利贝鲁加（Perugia）一地使用他所创制的雨量器（雨量筒），收集降雨量，开欧洲科学性雨量观测之先河，但是比中国宋朝秦九韶晚了四百年。

到了 17 世纪后半叶，欧洲物理、化学和机械工艺方面的发展日新月异，气象仪器的发明也得到很大进展。1662 年（清康熙元年），英国人雷恩（Christopher Wren）首先发明虹吸式自记雨量计雏形，当雨水充满到一个高度时，储雨筒中的雨水就会经由虹吸管流出，雨量数值就会在自记钟筒上记录下来，等到储雨筒中的雨水流尽以后，再重新储雨。这是今日虹吸式雨量计之先河。

1677 年（清康熙十六年），英国人汤利（Richard Townley）又发明一种由直径十二寸的漏斗流入雨水，并可自动称出水重的衡重式雨量计。从此，欧洲的雨量器就远比中国进步多了。由此可见，明代以前中国先民对雨量的观测较西方人进步，直到明代以后才落后于西方人。

从中日的金鱼偏好说起

□ 张之杰

多年前查看金鱼图鉴，无意中发现，中日两国所崇尚的金鱼很不一致。我曾计划写一篇探讨中日金鱼育种偏好的学术论文，但因涉及面复杂，迟迟没有能力着笔。权且将一点初步观察，写成文字和大家分享。

金鱼起源于中国，是鲫鱼的变种。南宋开始饲养，经过八九百年，现已发展出三百多个品种。以鳍区分，分为三个类型：草金鱼，基本保持鲫鱼形态；文鱼，尾鳍三或四叶；蛋鱼，无背鳍。再根据头、眼、鼻、鳃盖和鳞片，又可分成很多类型，如狮头、虎头、龙睛、望天眼、水泡眼、绒球、

清《古今图书集成·禽虫典》金鱼图，上两尾为文鱼，下为蛋鱼。

翻鳃、珍珠鳞、透明鳞等等。

中国的金鱼，于明弘治十五年（1502）初次传到日本，后来又传去几次。中日两民族的审美观不同，因而育成的金鱼各有特色。简单地说，日本人不喜欢怪异品种。日系金鱼如琉金（文鱼系）、兰畴（蛋鱼系），大多雍容华丽，很容易让人想起和服。

大约从五代起，中国人愈来愈崇尚病态美。这种审美心理影响着方方面面，当然包括金鱼育种。以眼睛外凸的龙睛为例，引入日本后几乎没有发展，在中国却被视为金鱼正宗，难怪日本人称之为"中国金鱼"。

到了清末，龙睛发展出望天（眼睛长在头顶），民初更发展出水泡眼（眼睛长出大水泡）。由于偏好病态、怪异，中国人还育出翻鳃（鳃裸露）、绒球（鼻孔间长出肉质褶襞）、珍珠鳞（鳞片中央外凸）等品种。

从甲午之战到抗战胜利，五十年间，日本人视中国为户庭，不可能没见过这些怪异品种，但日本的金鱼图鉴极少出现水泡眼、翻鳃、绒球和珍珠鳞，即使有，也注明是中国所有。日本人没育出这些怪异品种，也没从中国引进，显然和审美观有关。

宋代以降，用于庭园造景的太湖石，讲求"瘦陋丑透"，最能说明中国人的审美心理。

宋代以降的缠足陋习，就是这种病态审美心理所促成的。当一个民族的知识分子普遍以病态为美，这个民族势必日趋衰弱。清代中叶以后鸦片泛滥，不能说与此无关。中国人沦为"东亚病夫"，绝非偶然。

崇尚病态美，当然重文轻武。直到 20 世纪初，世界各国大典时文武官员通常佩剑，中国是少数例外。时至今日，列强的军官团主要仍由贵族和世家子弟组成，中国又是例外。

毛泽东所领导的中国共产党，塑造出一种以北方基层农民为基调，可概括为"粗、大、壮"三个字的审美观，和宋室南迁以后、以江南书生为基调的病态审美观迥然有异。毛式审美观已体现在建筑、绘画、雕塑、音乐诸多方面。

话说牡丹

□梅　进

　　牡丹原产中国，是国人所培育成的名花之一。在分类学上属毛茛科、芍药属，学名 Paeonia sruffuticosa。它的花型与草本的芍药接近，所以人们也叫它木芍药。

　　牡丹的野生种分布陕、川、鄂、鲁、豫、西藏及云南等地山区，散生于海拔 1500 米左右的高山山坡和森林边缘。至今湖北有些山区仍可见到成片分布的野生群落。

　　牡丹起先为人注意，并非作为花卉，而是作为一种药材。大约成书于东汉初期的《神农本草经》，已经有关它作为药物的记载。后来人们才逐渐注意到它的观赏价值，进行驯化。

刘宾客《嘉话录》记载：
"北齐杨子华有画牡丹"，说明
在南北朝时期，就有人注意到
了牡丹。但文中所说的牡丹，
不能确定是已成为观赏花卉的
牡丹，还是在山区所看到的野
花。

不过，大体上可以肯定的
是，牡丹作为著名观赏植物始
于唐代。根据史料记载，唐代
开元末年，有位叫裴士淹的官
员，从汾州（汾阳）的众香寺
带回一棵白牡丹到长安栽培，

清·恽寿平《牡丹》

从那时起，很快地就成为长安城中大众所喜爱的一种花卉。

唐代时，洛阳已有著名的育种花匠，据古籍记载：

> 洛人宋单父，字仲孺，善吟诗，亦能种艺术。凡牡
> 丹变异十种，红白斗色，人亦不能知其术。上皇召至骊
> 山，植花万本，色样各不相同，赐金千余两。内人皆呼
> 为花师，亦幻世之绝艺也。

牡丹美艳绝伦，诗人李白将它与杨贵妃相联系，吟出
"名花倾国两相欢"的名句，为它的"国色"定调。而刘禹

锡"惟有牡丹真国色，花开时节动京城"的诗句，则充分体现时人对它的激赏。

从唐代起，牡丹开始广泛栽培。宋代时，全国出现了多个有名的盛产牡丹的地区，其中以洛阳最为出名。宋代更开始出现牡丹专著，欧阳修在《洛阳牡丹记》里写道："魏花者，千叶肉红花，出于魏相仁溥家。始，樵者于寿安山中见之，斫以卖魏氏。"从"魏花"这一新品种的由来，反映出对当时野生牡丹的驯化仍受重视。与此同时，栽培育种的工作也不断取得进展，品种日渐增多。经由自然变异和选种，育出更多品种。

随着牡丹受到越来越多的喜爱，以栽培牡丹著称的地方越来越多。明清时，安徽亳州、山东曹州（菏泽）一带，都以盛产牡丹著称。至今山东菏泽仍是牡丹最著名产地之一，栽培面积达五万多亩，品种六百余种。而传统的栽培中心洛阳依然以栽培牡丹知名。近年来，兰州也以栽培颇具特色的"紫斑牡丹"而崭露头角。

牡丹不但可供观赏，根可入药，在传统文化中是富贵的象征，在传统诗词、绘画、刺绣、瓷器等艺术装饰中，都常见到牡丹的身影。牡丹在国人心目中占有重要地位。

从罗睺、计都谈起

□张之杰

话说孙大圣保护唐僧往西天取经，途中遇到一名妖怪，手中有件宝物，是个"亮灼灼白森森的圈子"，能收对方兵器，连孙大圣的金箍棒也被它收了。大圣判断是天上星斗下凡为祸，驾起筋斗云，飞往玉帝处哭诉，玉帝吩咐："既如悟空所奏，可随查诸天星斗，各宿神王，有无思凡下界，随即复奏施行以闻。"

于是"先查了四天门门上神王官吏；次查了三微垣垣中大小群真；又查了雷霆官将陶张辛邓，苟毕庞刘；最后才查三十三天，天天自在；又查二十八宿：东七宿角亢氏房参尾

罗睺、计都二虚星,出自印度神话翻搅乳海。图为吴哥城南门翻搅乳海石栏。

箕,西七宿斗牛女虚危室壁,南七宿,北七宿,宿宿安宁;又查了太阳太阴,水火木金土七政;罗睺计都当孛四余。满天星斗,并无思凡下界。"(《西游记》第五十一回)

这虽是小说家之言,却反映古人的天文观念。七政(七曜)——日月水火木金土,为我国固有;四余,源自印度,指紫气、月孛、罗睺、计都等"虚星"(即隐曜,抽象的星)。术数家以七曜、四余,占验世事吉凶。上述《西游记》引文中的"当",应指紫气,唯不知其出典。

七曜加上罗睺(rahu)、计都(ketu),称为九执(navagraha),亦称九曜,最早出现于盛唐一行和尚编定的《九执历》。在天文上,罗睺、计都为白道的降交点和升交点。在术数上,不论是中国还是印度，罗睺、计都都是凶星，其说源自印度创世神话"翻搅乳海"。

据说乳海之下藏有不死甘露，引起诸天（众神）与阿修罗争夺，但皆无功。毘湿奴命龙王以身体做绳索，缠住曼陀罗山作杵，九十二阿修罗持蛇头，八十八诸天持蛇尾，合力搅动乳海，以取得甘露。搅动所产生的泡沫，幻化为日月星辰等。后甘露浮出，经过争夺，有一名阿修罗唤作罗睺，乔装成天神，偷喝甘露。事为日月神察觉，毘湿奴砍下罗睺之头，因已喝下甘露，其头长生不死，为了报复，不停地追逐日月吞噬（引起日月食），以其没有身体，吞下后随即漏出。罗睺的身体则化为计都，成为不祥的彗星。

文化的渗透力，以宗教的力量最大，也最持久。古印度不曾成为影响四邻的军政大国，但其宗教（印度教和佛教）却传遍东亚和东南亚。中国接受的印度文化以佛教为主，但文化是个整体，印度文化的各个面向，或多或少都曾传入，天文即为一例。

谈鹅的起源

□ 周　询

　　鹅是一种可爱而富有灵性的动物。书圣王羲之喜欢鹅，被传为千古佳话。唐代诗人骆宾王七岁时，作有《咏鹅》诗："鹅，鹅，鹅，曲项向天歌。白毛浮绿水，红掌拨清波。"至今脍炙人口。那么，这种深受国人喜爱的家禽，到底是怎样起源和驯化而来的呢？

　　也许有不少人会将家鹅的野生种与天鹅相联系，实际情况并非如此。鹅是由野生的大雁驯化而来的，这或许就是英语中大雁被称为 wild goose（野鹅）的原因。中国最早的字书《尔雅》中有："舒雁，鹅"的记述，也表明鹅与雁之间

英国格洛斯特的鸿雁

的密切关系。据说，国外曾有动物园将野生的雁和家鹅进行杂交，并且产生了完全能育的后代。

一般认为，东方的鹅大多数是由鸿雁（*Anser cygnoides*）驯化而来，而西方的鹅大多数是由灰雁（*Anser anser*）驯化而来的。现代分子生物学技术的研究也表明，家鹅的确存在两个不同的祖先，并在不同地区分别被驯化。有人用祖国大陆的十一个家鹅品种的粒线体DNA进行研究，结果发现太湖鹅、浙东白鹅、四川白鹅等大部分品种的亲缘关系都比较接近，可以认为是由鸿雁驯化而来，只有伊犁鹅与另外十种亲缘关系较远，从其所在的地理位置分析，当与西方的鹅有更近的亲缘关系，即伊犁鹅由灰雁驯化而来。

另外，相关的研究表示，祖国大陆鸿雁鹅的四种粒线体DNA的变异单倍型，分别散布在雁鹅、狮头鹅和皖西白鹅当中。安徽六安地区分布有雁鹅和皖西白鹅这两种典型类型，根据演化理论，一个物种的起源地通常存在着较多的变异类型，因此，六安地区可能是中国鹅的驯化地区之一。

利用DNA分析的方法来考察物种之间的亲缘关系，和分析家养动植物的起源演化，是近年来受到普遍重视的方法。尤其是粒线体 DNA 以其较小的基因组（16.5kb 左右）、演化速度快、母系遗传和不发生重组等特征，已经成为研究亲缘关系较近的物种间和种内不同群体间遗传分化的有利工具，在许多家养动物研究中已经积累了丰富的经验和资料。利用粒线体 DNA 的限制片段长度多型性技术（RFLP）等方法进行分析，就能够很容易地区分动植物的亲缘程度；特别是在基因考古的研究当中，这种方法更加显现出其优越性。

由于古代 DNA 破碎的非常严重，而粒线体 DNA 的基因组很小，可以通过拼接等方法，使断裂的 DNA 片段成为可以分析的片段，这在一般染色体的 DNA 分析当中，几乎是没有办法办到的。如果在考古中发现有动植物的遗体，将它进行 DNA 分析并与现存物种的 DNA 进行比对，我们就可以弄清楚古代生物物种与现存物种之间的演化关系。

现在我们回到鹅的起源问题上来，这种禽类到底是什么时候开始被家养的，还是一个有待探讨的问题，因为目前还缺少足够的考古学证据。不过，在中国它无疑是一种较早被驯养的动物。在安阳发掘的商代墓葬中，人们已经发现由玉雕刻成的鹅；另有《周礼·天官·膳夫》记载："凡王之馈，食用六谷，膳用六牲。"这里的六牲就包括鹅。这些史实表明，中国养鹅至少有三千多年的历史。

从博物馆的中国兵器说起

□ 张之杰

奇美博物馆自 1993 年起开始收藏古兵器，目前典藏品约 1800 件，分为中国、日本、欧洲、印度波斯、亚洲和中东伊斯兰等六个文化区展示。

参观过奇美博物馆兵器馆后，有个问题在心中萦绕不去：为什么中国的兵器最粗糙？日本、欧洲、印度波斯、亚洲和中东伊斯兰国家的兵器都很精致，即使是东南亚的也比中国讲究，这和我的常识及科技史知识不相接榫。

历史告诉我们，中国曾经十分重视兵器，这从干将、莫邪传说，和出土的越王剑可以得到证明。1965 年，在楚国郢都故址（今湖北江陵县附近）的一座楚墓中，出土一把装在漆木鞘里的青铜剑，剑身上刻着八个字"越王勾践自作用剑"。传说欧冶子曾为越王勾践铸造过五口宝剑，这口剑该是其中之一吧？

令人惊奇的是，埋藏地下两千多年的越王剑，出鞘时寒光闪闪，一点儿都没生锈。原来越王剑的剑身有一层极薄的氧化层，保护剑身永不锈蚀，工艺技术之精绝令人惊叹。试看纪元之前，有哪个文明铸得出越王剑般的兵刃？

然而，我们在博物馆所看到的中国兵器，非但赶不上日本、欧洲、印度波斯和伊斯兰，甚至和东南亚比都相形见绌。日本的兵器雅洁素净，但每个细节都达到工艺的极致。欧洲、印度波斯、伊斯兰国家和东南亚国家的兵器讲究装饰，工艺也绝不马虎。反观中国的兵器，不过是件实用的器械，看不出工艺上的匠心。

科学史家普遍认为，地理大发现之前，中国的科技在其他文明之上，可见兵器粗糙是文化问题，和工艺水准无关。日本、欧洲、印度波斯、伊斯兰国家和东南亚国家，武士具有相当高的社

1965年出土、制作精湛的越王剑。

会地位，中国的武士社会地位低下，哪会有精致的兵器！

中国也曾经有过武士高于平民的阶段，不过那已经是两千多年前的事了。雷海宗先生曾写过一本名著《中国文化与中国的兵》，对这个问题分析甚详。春秋时，军人主要由贵族组成，文武合一，男子以当兵为荣。战国实施征兵，杀戮虽然惨烈，但军民一体，两者的区别并不明显。秦汉大一统后，开始发流民、囚徒从军，军人逐渐由莠民组成，于是良民看不起军人，军人随时可能变成土匪，"好铁不打钉，好男不当兵"的谚语就形成了。

社会鄙视军人，国家也不重视军人，甚至处处防范军人，武器怎会精良？《利玛窦中国札记》第一卷第九章记载道："这个国家大概没有别的阶层的人民比士兵更堕落和更懒散的了。""供给军队的武器事实上是不能用的，既不能对敌进攻，甚至不能自卫，除了真正打仗外，他们只能携带假武器。""无论是官是兵，也不论官阶和地位，都像小学生一样受到大臣鞭打，这实在荒唐可笑。"

引介西医的传教士——霍布森

□ 张 澔

在明末清初的时候，西方耶稣会传教士便到了中国来传播上帝的福音。但由于法令的限制及中国人观念的因素，他们在中国传教的成果相当有限。1807年到达中国的罗伯特·莫里森（Robert Morrison, 1782—1834）重新开启了西方传教士的新篇章。19世纪的传教士从耶稣会宣教的经验中学到，与历法有关的天文知识把上帝的光线投射到中国的天空上，医学及科学取代了天文，当做引导中国人通往上帝之门的桥梁。本杰明·霍布森（Benjamin Hobson, 1816—1873）便是其中传播西方现代科学最重要的传教士之一。

霍布森(1816—1873),有西方"医学传教士典范"之称。

霍布森是英国伦敦大学的医学士,1839年被伦敦布道会以医学传教士的身份派遣到中国来。到了中国不久之后,霍布森便加入了于1838年成立的医师布道会(Medical Missionary Society in China),并在澳门行医。1843年初,霍布森一家人前往香港筹划设立教会医院,同年6月初医院开业。两年之后,因为妻子珍娜(Jane Abbay)重病,本杰明·霍布森携妻返回英国就医,然而她却不幸在海上的途中病逝。在英国停留的期间,他与莫里森的女儿玛丽(Mary Morrison)结婚。1847年,霍布森与新妻返回香港。次年,他在广州开设惠爱医院。1857年,为躲避中英战事,他前往上海,并主持仁济医院。1859年返回英国行医,直到1864年退休。

就像其他的传教士一样,在中国传教的第一步便是要先能掌握中文,进一步则是翻译一些基督教义的书籍。在这方面,霍布森翻译有《上帝辩证》(1852)、《约翰真经解释》(1853)、《祈祷式文》(1854)、《信德之解》(1855)、《问答

良言》（1855）、《圣书择锦》（1856）、《古训撮要》（1856）、
《基督降世传》（1856）、《圣地不收贪骨论》（1856）、《诗篇》
（1856）和《圣主耶稣启示圣差复活之理》（1856）。不过，
这些赞美上帝或解释基督教义的书并不是让霍布森名扬中国
的主要因素。

　　不论是在广州还是上海，来找霍布森就医的人总是络绎
不绝，霍布森的绅士风范与仁心仁术，不仅赢得中国高官与
平民的尊重，在西方传教士里也获得"医学传教士典范"
（The model medical missionary）的名声。在中国的基督教传
教士于1877年在上海举行第一届会议，与会的传教士交换
宣教的经验，其中一位谈到霍布森传教的秘诀和成绩：

> 　　霍布森医生告诉我，每一天在治疗病人之前，他都会
> 为病人祷告一下。有一位传教士的朋友告诉我，在广州大
> 部分挤满信徒的小教堂，都是在霍布森医生所负责的教区
> 里。

霍布森的西医五种

　　除了传教的成就外，霍布森在中国传播西方近现代医学
和科学的贡献，在当时几乎无人能出其右。鉴于当时中国医
学非常落后，尤其是在解剖学及外科方面，中国人更是一无
所知，霍布森认为，甚至不如古希腊或罗马时代，他希望中
国人能够建立一套现代化的医学系统。所以霍布森在1850

年代陆续翻译了《全体新论》（1851）、《西医略论》（1857）、《妇婴新说》（1857）和《内科新说》（1858）。有趣的是，霍布森最早的著作既不与宗教，也不与医学有关，而是1849年出版的《天文略论》。这本书后来被编入于1855年发行的《博物新编》中。虽然这不是一本医学书，但是它却与其他四本医学书籍被誉为霍布森的"西医五种"。

　　《全体新论》为解剖学书，全书图文并茂，洞见要处。《西医略论》共有三卷，作为《全体新论》的补充。上卷专论病症；中卷论述身体各部病症；下卷则论西药制法及药性。《妇婴新说》则是专述妇女与婴儿疾病。《内科新说》共两卷，上卷论述各项病征及医理；下卷则是补充《西医略论》药剂内容。这四本书成为开启西方医学在中国先河的经典之作。

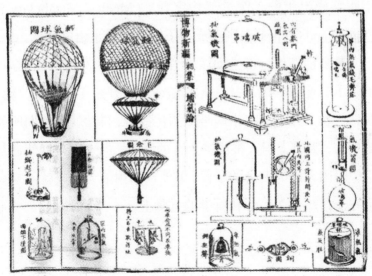

《博物新编》书影，此书开启国人对科学的认知。

《博物新编》共有三集。第一集共有五个单元：地气论（大气论）、热论、水质论、光论及电气论；第二集为《天文略》，介绍西方天文学及其发展；第三集为《鸟兽论略》，简单介绍各种动物的习性。虽然《博物新编》只是一本有关近现代西方科学基础的书籍，但约翰·弗雷（John Fryer, 1839—1928）认为，这本书就像一道新时代的曙光打在中国人的心灵上，它不仅弥补空白了两个多世纪以来，耶稣会传教士对中国知识分子启蒙的空隙，同时带领中国人一睹一些西方的现代发明。事实上，要编译这五本书，霍布森投入了很多的心血来克服文字上的问题，"西医五种"的成功则是代表了中文医学及科学语言的新里程碑。例如，他所翻译的养（氧）、轻（氢）及淡（氮）气元素名词沿用至今。他在1858年所编译出版的《医学英华字释》（Medical Vocabulary in English and Chinese）则是成为了中文医学术语的滥觞。

基督信仰像一部推动西方科学发展的火车头一样，穿过了巫术与迷信的黑森林。尤其是在中国开始洋务运动之前，西方传教士几乎是在中国唯一的传播者，科学就像他们所放的烟火，吸引中国人来注视上帝的光芒。虽然霍布森使命是希望中国人成为上帝的子民，但他在中国最大的成就不是在宗教上，却是在医学和科学的贡献上。

气候变迁改变历史

□ 刘昭民

曾有一篇文章这样写道："暖化带衰唐朝，大旱歉收，农民起义，最终亡国，研究颠覆史观。"《自然》杂志的一篇报道也这样写："疑季风异常促唐朝衰亡，德国科学家研究，百年久旱同样毁了拉丁美洲玛雅文明。"

这篇论文的主要作者，是德国波茨坦地球科学中心（GFZ）的豪格（Gerald Haug），他研究中国广东省雷州半岛的一个火口湖底沉积物，结果发现唐代末期的湖底沉积物具有磁性，并含有钛元素。他认为这是因为夏季西南季风减弱，冬季东

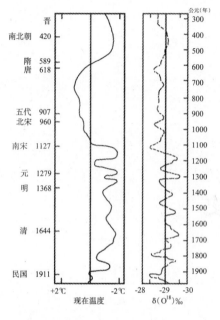

晋代以来中国平均气温变化曲线(A)，与格陵兰冰每增减帽研究所得变化曲线(B)比较图。δ(O¹⁸)每增减0.96%，则温度增减1℃。

北季风增强，以致夏季降雨量剧减，造成气候干燥，农业歉收，因而导致黄巢之乱，并使唐朝灭亡。豪格同时也指出，在同一个时期，太平洋东岸的中美洲，一度经济繁荣的玛雅文化，也因为气候由暖湿多雨转为干燥少雨，以致走入衰败。

其实早在数十年前，我国气象学家竺可桢先生即已根据古籍文献、物候资料、树木年轮的研究，并与挪威雪线的变化研究、格陵兰冰帽的氧同位素（O¹⁸）变化等，定出中国五千年来的气候变迁计有四个冷期、五个暖期。暖湿时期造成农业收成好、经济繁荣的太平盛世；而干冷期造成连年荒歉，饥民铤而走险，四处劫掠，导致政治动乱和王朝灭亡。例如王莽的篡汉及其覆亡，东汉末年的黄巾之乱，两晋与南北朝时代的五胡乱华，宋代金人之南侵，元人之灭金和宋，明末流寇的猖獗，满族人之入关，清末太平天国之兴起等。兹将中国历史上气候变迁大致说明如下。

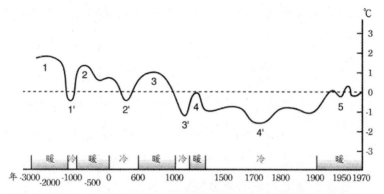

中国五千年来平均气温变化曲线与冷暖期的分布情形。图中纵坐标以 0℃表 1970 年平均气温，1~5 代表五个暖期，1'~4'代表四个冷期(横坐标的年代比例向左方减少)。

5000 年前有很长的暖期

　　从五千年前到三千年前的周朝前半期，有一段很长的暖期。各国科学家一致同意，距今一万年前，当沃姆冰河期（Wurm iceage）结束以后，黄河流域的气候即逐渐转暖，到距今五千年前（炎黄五帝时代）达到最高峰。其后的一千年期间，黄河流域大部分时间也是属于暖湿气候时期，极似于今日长江流域的气候情况。这一段时期，各个地下遗址都有发现大量的鹿、竹鼠、貘、水牛、象的遗骸，从殷墟甲骨文的降雨资料，也证明当时气候比较暖湿。

　　周朝中叶以后为冷期

　　据《竹书纪年》记载，周孝王七年与十三年长江流域和汉江流域曾经结冰，牛马冻死；此后直到周朝末年，中原的气候不但较寒，而且干旱连年，终于导致戎狄入侵，周室被迫东迁，并造成春秋战国纷乱时代。

春秋至西汉为暖湿气候时期

距今二千七百年至二千年前，中原气候比较暖湿，故中原一带盛产稻米、竹类、橘、漆、桑麻，以及象、犀牛、老虎，农业亦十分发达，经济亦较为富足，乃有文景之治及汉武帝之盛世。

西汉末叶至隋初气候转寒旱

距今两千年至一千五百年前，中原气候转寒且旱，春寒、夏霜、夏雪、夏六月寒风如冬时的记载很多，《三国志》亦记载：

黄初六年（公元 225 年）冬十月，帝幸广陵（今日之扬州）故城，临江观兵……是岁大寒，水道冰，舟不得入江，乃引还。

赤乌四年（公元 241 年）一月，襄阳大雪，平地雪深三尺，鸟兽死者大半。

可见三国时代长江、淮河、汉水曾经结冰，而当时亦甚大旱，三国时代四十多年中即有三十年亢旱。晋代和南北朝时期寒旱更甚，夏季霜雪的记载更多，例如《晋书》上说，怀帝时江、汉、河洛皆竭，可涉。《南史》上记载说：

宋孝武帝大明七年（563 年），东诸郡大旱，米一升数百，京邑亦至百余，饿死者十有六七。

由于西汉末年后，气候转为长期寒旱，农产歉收，以致造成西汉和王莽的覆亡、东汉黄巾之乱、王室倾覆、五胡乱华、匈奴人向西征掠，并在欧洲建立匈奴帝国，还造成中华民族向南大迁移等历史大事。

唐朝时代为暖湿气候时期

唐朝时代，中国气候转变为温暖多雨。因为当时北方冷空气减弱，暖湿西南季风盛行，使温带气旋的行径偏北，故中国北部地区气候偏暖，冬季不下雪，河水也不结冰，以致冬无雪之记载为历史之冠。中原地区亦产李、梅、柑橘等水果，温暖多雨的气候使中国农产富足，造成唐太宗、高宗、玄宗时代之盛世。欧洲北部和北美洲北部的大陆冰河亦开始后退，斯堪的纳维亚半岛不再为冰帽所覆盖，而变成温暖多雨多雾的气候，故挪威海盗得以横行北欧，成为欧洲中古史上一件大事。

唐末至南宋前半期为冷期

自唐末开始，气候又转为寒冷干旱，江淮一带漫天冰雪的奇寒景象再度降临，成为小冰河期时代。中原可以种植的柑橘等果树皆遭冻死的命运，而淮河、长江下游、太湖流域、洞庭湖、鄱阳湖等地区冬季完全结冰，车马可以在结冰的河面上通过。南宋时代，杭州夏寒、夏秋霜雪以及春季甚晚终雪的记载也很多，证明当时气候之寒冷。从唐末到宋代的寒旱气候，曾造成唐末黄巢之乱和唐朝灭亡、五代十国和金人南侵以及宋室的南迁。

南宋后半期为暖期

南宋后半期的八十五年中，多冬无雪和夏霜、夏雪的记录，属于夏寒冬暖而且干旱的气候。

元明清为中国历史上第四个冷期

这一段时期中，夏霜、夏雪和旱灾的记载最多，尤其元末及明代连年旱灾，以致"民大饥"，四方寇盗四起，乱事频仍，使元朝和明朝覆亡，清人入关称帝。

清末以来为暖期

根据气象观测资料的统计以及高山冰川逐渐向上退缩，可以证明清末以来气候逐渐增暖。也就是说，全球暖化现象越来越明显。

四不像鹿的故事

□ 张之杰

殷墟出土刻辞鹿头骨

有一次在报纸上看到了"刻辞鹿头骨"照片，猛然吸住我的目光，"是四不像鹿喔！"

我的历史癖使我迫不及待就想借题发挥，近十年来我已写过五篇论文探讨殷商时期的水牛，同时期曾经盛极一时的四不像鹿还没探讨过呢！

四不像鹿之所以称为"四不像"，据说因为尾似马、角似梅花鹿、蹄似牛、颈似骆驼。事实上，根本就没什么"四不像"，它是彻头彻尾的鹿嘛！相信任何人都不致混淆。四不像鹿最大的特色，是特殊的鹿角。一般鹿的鹿角长得很高才开始分叉，只有四不像鹿，距离基底不远就开始分叉，稍有动物学常识的人，一眼就可以辨识出来。

英国物尔本庄园的四不像鹿

鹿类只有雄鹿长角（驯鹿为唯一例外，雌鹿亦有角）。雄四不像鹿在一岁左右萌生鹿角，约半年后骨化。其后随着年龄增长，一岁多一个分枝，五岁时定型（四个分枝）。报纸上看到的"刻辞鹿头骨"，鹿角虽已断裂，但其中一个分叉末梢已趋尖细，显示还没长出分枝，因而研判是只不到两岁的小雄鹿。

四不像鹿的鹿角冬季脱落，翌年春长出新角，夏季骨化变硬，因而"刻辞鹿头骨"那只雄鹿肯定是夏季或秋季猎获的。"刻辞鹿头骨"是则记事刻辞，记录殷王征讨方国，回程在蒿地田猎，获得猎物祭祀祖先。如果这只四不像鹿是那次田猎的猎物之一，则田猎的时间大致可以推定。

四不像鹿的称谓迭经变迁，甲骨文作"麋"（现今较正式的名称麋鹿，即渊源于此），汉魏两晋称麋或麈。魏晋时期士大夫崇尚清谈，他们挥动着一种特殊的道具——"麈尾"，故作雍容潇洒。传说麈的尾巴不沾尘土，士大夫用它来象征自己的高洁。

在鹿类中，四不像鹿的尾巴较长，尾梢有穗毛，这是它的特征之一。长期以来，人们一直以为麈尾是用四不像鹿的尾巴扎成的。清初的《古今图书集成》，就把麈尾画成拂尘状。根据敦煌壁画和日本正仓院收藏的唐代实物，麈尾其实是把长圆形的小扇子，边缘装饰着麈的尾毛。敦煌壁画《维摩诘经变图》，画着辩才无碍的维摩诘居士，斜坐在一张矮榻上，右手挥动麈尾，一副旁若无人的样子。魏晋的清谈之士大概就是这个调调吧。

魏晋之士使用麈尾作为清谈道具，可见麋鹿在当时并不是什么珍兽。上推到殷商时期，鹿类中最多的正是四不像鹿。著名古生物学家德日进和杨钟健曾经研究殷墟出土的哺乳类遗存，写成一篇经典论文《安阳殷墟之哺乳动物群》（1936 年）。后来杨钟健和刘东生又写成《安阳殷墟哺乳动物群补遗》（1949 年），发现遗存动物群中估计超过千只的只有三种：一种猪、一种水牛和四不像鹿。水牛和四不像鹿都喜欢湿地、沼泽，据此可以揣摩殷商安阳一带的自然环境。

然而，随着气候变迁和人类猎杀，四不像鹿愈来愈少。大约宋元期间，北方已找不到野生四不像鹿的踪迹，南方大概晚至明清灭绝，只有皇家园囿里还豢养着一群，朝代虽然一再更迭，但园囿里的四不像鹿却生生不息。这种不为外人所知的珍兽，直到 19 世纪末，才被法国神父大卫（1826—1900）

敦煌壁画《维摩诘经变图》局部，维摩诘所持扇状物即麈尾。

揭开面纱。

英法联军之后，西方人可以随意到中国经商、传教和设置领事馆，当时中国还是生物调查的处女地，一些具有生物学背景的外交官、传教士甚至商人，就在中华大地上大展身手。罗桂环教授的大作《近代西方识华生物史》，就是探讨这段历史的专著。

外国传教士到中国传教，都会取个中国名字，大卫神父以 David 的谐音，取名谭微道（一作谭卫道）。1865 年，谭神父在北京皇家猎园南海子隔墙向苑内远望，意外地发现了一种从没见过的鹿！翌年他以二十两银子买通太监，弄到两张鹿皮及鹿角、鹿骨，亲自带回法国，经巴黎自然史博物馆鉴定，证实为鹿科中的新属、新种，于是世人才知道中国皇家园囿里有这种珍兽。

谭神父发现四不像鹿后，列强开始透过外交渠道设法引进。1900 年，八国联军攻陷北京，又抢去一些。英国物尔本庄园的主人贝福特公爵是个有心人，他从 1894～1902 年，从欧洲各地收集到 18 只四不像鹿，豢养在自己的庄园里，为这种珍兽留下一线生机。

另一方面，辛亥革命后，南海子欠缺管理，樵夫和猎人禁不胜禁，园内的动物愈来愈少。1921 年，北京南郊发生水灾，残存的一小群跑出墙外，被饥民抓来吃个净尽。在皇家园囿里繁衍近千年的四不像鹿，就这么糊里糊涂地灭绝了！

所幸英国物尔本的鹿群繁衍得很好，到 1914 年，已发展到 72 只，开始向世界各地散布，现今世界各地动物园里的四不像鹿都是英国来的。1985 年，英国无偿向中国提供 22 只四不像鹿，在南海子设立"麋鹿苑"；1986 年又提供 39 只，在江苏大丰设立麋鹿自然保护区；1994 年又在湖北石首天鹅洲成立第三个保护区，从大丰迁来 64 只。经过二十多年努力，返乡的四不像鹿已达千余只了。

四不像鹿在动物保育史上赫赫有名，但令人不堪的是，靠着英国人帮忙，这种珍兽才能繁衍至今。每次谈起这件事，一种难以言喻的况味就会涌上心头。

枪炮消灭冰雹

□ 刘昭民

我们知道，枪炮是作战用的武器，但是古人很聪明，早在数百年前，就已经想到使用枪炮轰击雹云，来消灭冰雹。例如明太祖洪武年间（1368—1398），河北磁县南来村村民已开始使用土炮轰击雹云，来消灭冻雹。明末的法国《薛立尼自传》（The Autobiography of Benvenuto Cellini）以及清康熙年间《巴士汀游记》（Bastian Travels），曾经记载明末清初时中国的僧侣、喇嘛曾经在甘肃境内，使用枪炮轰击积雨云，以求消雹。而且在仪式进行时，地方官吏还要向山川神祇祈祷，以求恕于此举。清康熙三十四年（1695）刘献廷在《广阳杂记》卷三里也曾经说：

明代利用土炮轰击雹云消灭冰雹图

　　子誉言："平凉一带，夏五、六月间常有暴风起，黄云自山来，风亦黄色，必有冰雹，大者如拳，小者如粟，此妖也。土人见黄云起，则鸣金鼓，以枪炮向之施放，即散去。

可见《薛立尼自传》和《巴士汀游记》所记载的史实是真实的。19世纪末期和20世纪以来，已有很多国家使用大炮和火箭，轰击积雨云和积云的中部和下部（高度五千米以上的过冷水滴分布所在，也就是摄氏零度线上方的高度），以求消雹，保障农作物免受雹灾的破坏。中国明代和清初百姓使用土炮轰击雹云，以消灭冰雹的方法，实乃现代消雹技术之滥觞。

《武进阳湖合志》记载，雍正年间在甘肃进行消雹。

清代《武进阳湖合志》卷二十四《宦绩篇》曾记载江苏武进举人许宏声，曾于雍正年间，在甘肃省固原县使用乌枪向雹云（黑云）发射，以消灭冰雹之事，其文曰：

> 许宏声，字闻绣，雍正己酉举人，授中书，迁平凉府盐茶同知（官名），驻固原，与州牧分土治，军民杂处，号繁剧。宏声惠孤贫，惩蠹役，兴学校，政令一新。有黑云（雹云）烈风（暴风）自西来，吏驰报曰：大雹至矣！一城尽惊。宏声曰：是可力驱也，极请（立

即请求）提督令军士排乌枪齐发，声震天，雹遂却，民庐获全，沿边因得却雹法……

嘉庆年间（1796—1820），姚元之在《竹叶亭杂记》卷十中也记载说：

> 甘肃微县多蛤蟆精（此为迷信），往往陡作黑云，遂雨雹，禾嫁人畜甚或被伤；土人谓之"白雨"。其地每见云起，轰声群振，云亦时散……皋兰（兰州）沈大尹仁树，少府时，有阵云起，众枪齐发……

刊刻于清文宗咸丰七年（1857 年）的四川省《冕宁县志》卷一《天文气候篇》也记载以枪炮消雹的措施，文曰：

> 雹之来，云气杂黄绿，其声訇訇，有风引之，以枪炮向空施放，其势稍杀，多在申酉时而不久，近年亦渐少矣！

综合上述几项消雹法，可以得知中国早在明代和清代就有两种消雹方法，一种是使用土炮轰击雹云，另一种则是以乌枪或枪轰击雹云，两者的爆炸声波和冲击波，都能把雹云（包含下冰雹的积雨云）内空气运动的规律打乱，促进云内外空气交换，加速云中处于摄氏零度线以上的过冷水滴提早冻结，使之不易形成大雹块。又能打断云根，打散乌云，使云转向，截杀云头，使雹粒变小，更能使冰雹互相撞击而破碎成小冰雹，这些都能达成消雹的目的。

在西方，直到 1895 年，才有奥地利政府在朋西比教授（M. Bombicci）的理论支持和合作下，由政府成立消雹机构，首度进行消雹工作，在怀斯特利斯（Windish Feistriz）、斯台利亚（Styria）等地使用大炮轰击积雨云，进行消雹。当时使用的大炮是一种臼炮，上头炮口附有一个扩音器（麦克风），扩音器高二十五呎（约 7.62 米）、顶部宽六呎（约 1.829 米），炮弹火药重六百克，全部皆为奥地利自制，而且效果不错。

接着，法国、意大利、德国、苏俄等国也争相效法，尤以意大利最为热衷，到 1900 年时，意大利用来消雹的大炮竟达一万门之多。这些国家大都购买奥国的消雹炮，并输入奥国的消雹技术，尤其是苏俄在高加索和克里米亚半岛更广泛地使用大炮消雹法，后来规模也不输意大利。

到了 1902 年，法国科学家维达尔（Vidal）以消雹火箭射入积雨云中来消雹，这是火箭消雹之滥觞。1940 年代以后，法国人继续使用消雹火箭进行试验。1953 年开始普遍使用小型消雹火箭（内装碘化银或干

19 世纪末，奥地利所使用的消雹巨炮和扩音器。

冰）配合气象雷达观测，探测摄氏零度线上方和过冷水滴分布所在，来进行消雹。意大利也仿效法国，大量使用消雹火箭（每年用掉十万枚），后来我国及许多国家相继使用高射炮、火箭，配合气象雷达观测来进行消雹。

今人仔细观察冰雹，得知冰雹由透明冰和不透明冰相间组成，表示摄氏零度线附近的强烈上升和下降气流，有利于过冷水滴忽上忽下地形成冰雹。又由现代气象科学研究与气象雷达探测、飞机观测得知，积雨云中冰雹的生长区在离地4~7千米之间（0℃~-20℃之间的过冷水滴分布区域），属于积雨云的中部和下部（而云底高度距地1千米）。所以气象雷达只要观测到钩状、漩涡状或外伸手指状的强回波出现时，地面上的枪炮和火箭只要朝向离地4~7千米的雹云中发射，就能消雹防雹（不需要打太高）。

虽然古代没有气象雷达和飞机，但是中国古代先民很可能抱着"以物剋物""以毒攻毒"的观念，使用枪炮朝雹云的中下部打，竟能歪打正着，达到消雹防雹之目的，还是很有道理的。

由本文叙述，可见中国古人在消雹技术发展史上，曾经有极杰出的成就，而且不亚于中国人在火箭和飞弹发展史上的贡献。

明代皇宫中的狮子

□ 杨和之

　　狮子原产于印度、中亚、中东，直到非洲南部的广大草原地带。人类尚未大肆破坏生态环境之前，此兽在大型猫科

动物中分布之广，仅次于花豹。而由于生物地理的限制，从未越过帕米尔高原以东，在中国境内也不曾发现过它的化石。

但中国人却早就知道这种动物了，原先叫"狻麑"（狻猊，音同酸尼），是某种印度土话的译音。其后佛教东传，佛经中有关的记述不少，最初用吐火罗语译为"师子"，后来写成"狮子"，被认为是一种瑞兽。虽已久仰大名，但直到东汉章和元年（公元87年）大月氏遣使进贡，这家伙才首度踏入中国领土。这种大型猛兽远程运输不易、畜养昂贵又无经济价值，故除宫廷珍藏外民间难得一见，历来有关狮子的讲法不免以讹传讹，甚至凭空编造，结果反映在图画、雕塑上的，绝大多数都是一副"狗样"。不过明代却相对比较"开放"，不止官书稗史屡有记载，就连外国人也留下一些记录。

进入明代皇宫的第一头狮子，是永乐十一年（1413）六月由撒马儿罕等一些国家联合进贡的。永乐年间，狮子来华至少七次，两次与郑和下西洋有关，其中一次是派人到"阿丹"（今阿拉伯半岛的亚丁）买回的。接着宣德初，仍然有两头狮子从海道而来，这是第一个养狮的高峰期。

直到成化十四年（1478），才有"西夷"扣嘉峪关来献狮子。甘肃巡按御史徐纲不让守关者放行，但被皇帝否决了。于是成化十七年（1481）、十九年（1483），撒马儿罕等国又两次送来三头。大约当时中亚野生狮日渐稀少，贡使居然请求由广东出海前往满剌加（马六甲）买狮来献。因为不

科学史话

元人绘《贡獒图》,画家画的其实是只狮子,但题签者误以为獒。

宜让外夷大摇大摆地穿过大半个中国,在许多官员反对下,皇帝也不能同意。到了弘治二年(1489),不产狮的吐鲁番竟迂道买狮从广东进贡,因为违背该国"贡道"路线而被退回了。

朝廷的旨意很明显,不是不要狮子,而是拒绝从海路来的,于是弘治三年到七年(1490—1494)、嘉靖三年至六年(1524—1527)陆续又来了几头。最后一次则是嘉靖四十三年(1564)鲁迷进贡的。

以上从《实录》等官方记载及一些私人记述整理归纳,显示了一个事实:狮子的进口往往集中在几个阶段。何以如此呢?

依《会典》所载，狮子"回赐"的标准与金钱豹（猎豹）同为彩缎八表里（每表里折绢十六匹），最多不过另加五表里。马匹则因良莠有别，最低者每匹纻丝一匹、生绢四匹，最高彩段十表里不等。狮子的"公定价"并不比豹、马高，但捕捉、驯养、运送的难度却差远了。正常情况下，贡使何必做这种划不来的生意？但这只是官样文章，实际并不如此。天顺年间英宗遣使西域求狮，结果引来西域人献狮，但半途死了。不久进入成化时期，贡狮高潮又起，皇帝好狮之名已遍传远近了。

既是主动索求，代价自必从优。据弘治年间撒马儿罕贡使阿里·阿克伯回忆，进入边境后："每匹马都由其马厩官牵养，中国皇帝为这一行业共聘雇了 12 名徒步侍从……狮子比马匹有权拥有十倍的荣誉和豪华。如此一支非常豪华的伴送队伍把它们从中国边陲一直护送到北京。"其所得则是："一头狮子值三十箱商品，每只箱中都装一百种不同商品……为了交换一匹马，他们所付出的代价比交换一头狮子少 1/10。"

可见《会典》所载只是官样文章，实际"变通"是蛮大的。因此若是朝廷谨守典制，贡狮是绝不划算的，但若皇帝发出讯息则又另当别论。这足以解释为什么狮子要不是在短期间先后报到，就是几十年都不见踪影了。按《会典》规定，外番进贡的珍禽异兽，来京后先到会同馆报到，仍由原送人负责喂养，等正式进贡仪式后，才由内府接收成为皇家收藏品，贡使领取"回赐"回国。但狮子与一般鸟兽不同，可留下驯养者四人照料，由兵部发给腰牌，从西安门出入位于西苑的"虎城"。

既为"公产"，自应编列预算饲养。永历、宣德时情况不清楚，但成化年间狮子的食料是："每一狮日食活羊一腔、醋蜜酪各一瓶"。当时已有人觉得这份菜单不合理："狮子在山薮时，何人调蜜醋酪以饲之？"据《真珠船》说，正德中

拂菻
拂菻就是东罗马帝国，唐代曾经贡狮，结果"拂菻"一词在《营造法式》里就成为西域人人牵狮图样的代表。

律定内苑饲养各种动物的食料中，两头狮子是"日食活羊一只半、白糖四两、羊乳二瓶、醋二瓶、花椒二两二钱。"同一资料中，连草食的犀牛也编列了猪肉和鸡，这古怪的菜单，自然免不了有混销开支之嫌。

《涌幢小品》同样讲正德朝的情况："虎三只，日支羊肉十八斤；狐狸三只，日支羊肉六斤；文豹（猎豹）一只，支羊肉三斤；豹房土豹（猞猁）七只，日支羊肉十四斤。"遗憾的是没提到狮，或者当时宫中已经没有狮子了。

吃的以外，附带支出也很可观。《枣林杂俎》说："西苑

狮日食一羊，西域胡人主之。白布缠首，带衣绿。支正三品料。"另外还有夫役，《明史》说弘治间"守狮日役校尉五十人"。而据前引撒马儿罕贡使的讲法，每匹马有十二名"徒步侍从"，狮子排场为其十倍，即一百二十人。但这是伴送途中，进内苑后不可能再有同样规制。

这样的浪费必然引发反对声浪，但群臣的反对理由不止于此，还包括"郊庙不可以为牺牲，乘舆不可以为骖服"，是无用之物。以天子之尊求物于外夷，有失国体。遣使迎接、派兵护送之举，是"贱人而贵兽"，违反古训。由于那几个皇帝都视狮子为瑞兽，群臣的交章切谏都不管用。

然而自嘉靖四十三年鲁迷贡狮，"后不数年，是狮亦死"之后，明朝国势益颓，威望日降，远国贡多不至，狮子竟成绝响，关于畜狮的种种争议也自然不存在了。

另外，今天许多动物园的经验都显示，圈养中的狮子繁殖并不困难，但在明宫中何以没有留下生育的记录？这问题不难解释，因为只有雄狮的样子够"炫"，符合传统瑞兽的形象而得到皇帝的青睐，朴实无华的雌狮不符贡使的"经济效益"，不可能万里迢迢而来，也自然不可能会有下一代了。

康熙诗钱二十品

□ 张之杰

　　自开放两岸往还不久，寒舍附近的传统市场，每逢假日，有位退伍军人摆摊卖些玉器、古钱等廉价古董。先父常到他的摊子东挑西拣，花了多年工夫，终于凑齐一套康熙钱。如今这套康熙钱放在我的床头柜里，睡前常取出把玩。

　　康熙钱正面铸"康熙通宝"四字，背面以满、汉文铸出铸造地，先父曾对我说，依据各地铸钱局，康熙钱有二十种，为了方便记忆，人们编成一首"背文诗"：

　　　　同福临东江，宣原苏蓟昌。
　　　　南河宁广浙，台桂陕云漳。

这二十种康熙钱，习称"诗钱二十品"。上述二十字所代表的意义如下：

同：山西省大同府局

福：福建省福州府局

临：山东省临清局

东：山东省济南局

江：江苏省江宁府局

宣：直隶省宣化府局

原：山西省太原局

苏：江苏省苏州局

蓟：直隶省蓟州府局

昌：江西省南昌局

南：湖南省长沙府局

河：河南省开封府局

宁：甘肃省宁夏府局

广：广东省广州府局

浙：浙江省杭州局

台：福建省台湾府局

桂：广西省桂林府局

陕：陕西省西安局

云：云南省云南府局

漳：福建省漳州局

康熙六年之后，内地有十八省：直隶、山西、山东、河南、陕西、甘肃、江苏、浙江、安徽、江西、湖北、湖南、四川、福建、广东、广西、云南、贵州。对照二十处铸钱局，缺安徽、湖北、贵州和四川。安徽与江苏原为江南省、湖北与湖南原为湖广省，可能沿袭原有建制，而未设置。贵州可能因经济落后而未设局。张献忠屠川，四川几无噍类（活口），康熙朝犹未恢复，没有设局的必要。

先父曾对我说，战前时，人们就热衷收集"诗钱二十品"，当时"台"字钱极少，"南"字钱也不多，所以搜集成套并不容易。先父晚年搜集这套诗钱时，没想到身在台湾，还是"台"字钱最后到手。

康熙通宝"原"字钱，左为满文。

先父遗留的那套诗钱，大小厚薄并不一致，其中"台"字钱明显偏薄、偏小，字迹也不清楚。我以为是今人伪造的，先父说，在祖国大陆所看到的"台"字钱就是这样。后来读了些史书，才知道台字钱的来龙去脉。

我先在连横《台湾通史·度支志》看到下列记载：

康熙二十七年，福建巡抚奏请台湾就地铸钱。部颁钱模，文曰"康熙通宝"，阴画"台"字以为别。当是时，天下殷富，各省多即山铸钱。唯台钱略小，每贯不及六斤，故不行于内地。商旅得钱，必降价易银归。铸日多而钱日贱，银一两至值钱三四千。而给兵饷者，定例银七钱三，兵、民皆弗便。市上贸易，每生事。总兵殷化行屡请停铸，当事者不从。及调镇襄阳，入觐，力言台钱之害。旨下福建督抚议奏。三十一年，始停铸焉。

康熙帝晚年画像

接着顺藤摸瓜，在《台湾通志·殷化行传》查到台字钱的停铸本末：

初郑氏行永历钱，有司请改铸。部颁台字钱式，熔故铸新；而台字钱不行内地，商旅降价，易银一两，值钱三四千文；给兵饷，例银七成钱三成。兵以官值，强与民市，民多闭匿弗与。奸人构煽，几激变。化行严防切谕，得无事。因请停铸，督抚不从。补襄阳镇总兵，入觐，具言其弊。上愕然曰："此事殊有关系，尔亦封疆大臣，在任何以不言？"化行顿首言："武臣不敢与钱谷事。"上曰："尔至襄阳言之未晚。"对曰："越省言事，恐为通政司所阻。"上曰："第作条奏来。"化行还镇，即疏言之；果格于通政司。再具疏，乃得达，下闽督抚议，遂停铸，兵民以安。

从上述史料可以看出，康熙朝官箴已出问题。按照官价，钱一贯（一千钱，即一千文）折银一两。康熙朝天下殷富，民间容或打个折扣，但应不致相去太远。台字钱竟然"易银一两，值钱三四千文"，可见其不值钱的程度。

康熙钱每文原为一钱四分，康熙二十三年，户部行文各省，一律改为一钱。以每文一钱计，一贯应为 6.25 斤。台字钱康熙二十八年开铸，按理应为每文一钱。或许地处边陲，官吏便于侵渔，因而"每贯不及六斤"。台字钱康熙三十一年停铸，铸造时间不过三四年，加上不通行于内地，即便在台湾，也不受人欢迎，难怪数量特别稀少了。

康熙四十一年，户部通令各局，改为一钱四分及七分两种，因而按照法定规格，康熙钱有三型：一钱四分（约 5.2克），俗称重钱，也叫大钱；一钱（约 3.7 克），俗称"轻钱"；七分（约 2.7 克），俗称"小轻钱"。但因各局私自减重，造成参差不齐的现象。以台字钱为例，原本应属"轻钱"，但每文较法定重量大约少了 0.4 克，加上铜质和铸造拙劣，难怪遭到军民排斥。

除了上述二十处铸钱局，户部设有宝泉局、宝源局，所铸的钱，正面仍为"康熙通宝"四字，背面左右皆为满文（宝泉或宝源）。康熙五十二年三月，康熙帝六十寿辰，特命户部宝泉局精铸一批钱，称为"万寿钱"（俗称罗汉钱）。为了和一般钱币相区别，正面之"熙"字，左边少一竖，"通"字之走部少一点。万寿钱制作精美，铜质精良，色泽光亮，深受民间珍爱。

相风乌和候风鸡

□ 刘昭民

9世纪时，西方人所发明的候风鸡。

　　风向和风速的测定，不论是农工业生产或者军事上都非常需要，所以现代气象人员，都要使用由风向标和纪录器所构成的风向计来观测风向，要使用风杯风速计和达因风速计来观测风速。

　　中国古代先民虽然缺少现代化的气象仪器来观测风向和风速，但是他们很早就已经知道观测风向、风速的重要性，而想尽办法来发明一些简单的工具和仪器来观测，而且从西汉武帝时代开始就已经有了很具体的成就。

早在汉武帝时代，中国先民就已经使用绸绫之类的东西所做成的旗子，或者使用羽毛结成一串长羽，悬挂在高杆的顶端，看旗子或长羽的吹向来观测风向，并由所举起的程度，大约估计风速的大小。《淮南子》一书上说它无片刻安定，可见这种测风器还相当灵敏。

西汉武帝时代，还发明一种叫做"铜凤凰"（相风乌的前身）的测风仪器，《三辅黄图》卷之三《建章宫》记载说：

> 汉武帝太初元年（公元前104年），作建章宫，建章周回三十里，东起别风阙，汉武帝造，高二十五丈，乘高以望远，又于宫门北起圆阙，高二十五丈，上有铜凤凰，赤眉贼坏之……

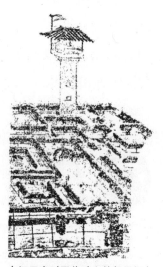

东汉灵帝时画像砖上的相风铜乌和风向旗。

《汉书》曰：

> 建章宫南有玉堂璧门三层，台高三十丈，玉堂内殿十二门，阶陛皆玉为之，铸铜凤，高五丈，饰黄金，栖屋上，下有转枢，向风若翔。

说明铜凤凰系装置在屋顶上，铜凤凰下面有转枢，风吹来时，它的头会向着风，好像要飞的样子，可知它类似今日之风向标。到了东汉时代"铜凤凰"就变成了"相风铜乌"，《三辅黄图》卷之五《台榭》篇上说：

> 汉灵台（天文台和测候所）在长安西北八里，汉始曰清台，本为候风者（占候人员）观阴阳天文之变，更名曰灵台。郭延生《述征记》曰：长安宫南有灵台高十五仞（相当于120呎），上有浑天仪，张衡所制，又有相风铜乌，遇风乃动，乌动百里，风鸣千里。

说明张衡不但发明浑天仪，还发明相风铜乌，它遇风乃动，乌动百里，风鸣千里，可示风速之快慢。

1971年，考古学家曾经在河北省安平县逯家庄发掘东汉墓，在墓中发现一幅大型建筑群鸟瞰图之壁画，在该壁画上可以见到建筑物后面的一座钟鼓楼上，设有相风乌和测风旗，这是我国最早的相风乌图形，绘于东汉灵帝时代（距今1800多年），证明汉朝时代中国先民确实已经使用相风铜乌和风向旗。

到了三国时代，人们觉得"相风铜乌"过于笨重，搬运不便，于是就改用木材做成"相风木乌"，这样就比较轻便，因此使用的范围更加扩大。魏晋南北朝时期，它被大量使用于城墙上、官吏富豪家的庭院园林中、

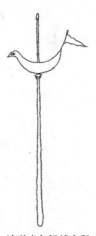

清道光年间麟庆所绘相风铜乌

舟船和车辆上，所以当时记载相风乌的文章很多。例如晋武帝时，司空张华"相风赋"上有说明："太史侯部有相风乌，在西城上……"梁朝庾信赋有"华盖平飞，风乌细转"。

唐朝时继续使用"相风乌"，并且使用一种称为"葆"的测风器，这种"葆"不仅能测风向，同时还能根据羽毛（鸡羽）被举起的程度，大致判断风速的大小，也可以说是一种雏形风速计。唐太宗时，李淳风在《观象玩占》中说：

> 候风之法：凡候风必于高平远畅之地，立五丈竿。以鸡羽八两为"葆"，属竿上。候风吹葆平直则占。或于竿首作盘，作三足乌。两足连上外立，一足系下内转。风来，则乌转回首向之，乌口衔花，花施则占之……平时占候必须用乌。军旅权设取用葆之法……

辽时铁制风向标

说明相风乌一般设在固定的地方，作为占候之用。在军中，因为部队常会调动，还是使用鸡毛编成的风向器——"葆"比较好。由此可见，唐朝时代所使用的相风乌和"葆"可媲美于汉朝时代的"相风铜乌"和风向旗。

2003 年 12 月，气象人员在山西省浑源县的辽代（也就是北宗时代）圆觉寺释迦舍利砖塔上，发现一个铁质鸾凤（凤凰）风向标，至今已有九百多年的历史。该风向标通体呈黑色，构造精巧，不锈不蚀，转动自如，是中国现存最古老的风向标，可以说是一具"铁凤凰"。

到了清道光年间，江南河道总督麟庆，在《河工器具图说》卷一中说：

> 刻木象（像）乌形，尾插小旗，立于长竿之抄或屋顶，四面可以旋转，如风自南来，则乌向南，而旗向北。

可见清朝中叶，国人还在水利工地上使用相风木乌。

在西方，欧洲人和阿拉伯人直到9世纪才发明候风鸡。北宋时代方信儒在《南海百咏》上记载广州之建筑物说：

> 番塔——始于唐时（7～9世纪），回（指回人）怀圣塔，轮囷直上，凡六百十五丈，绝无等级，其顶标一金鸡，随风南北，每岁五六月，夷人（回人）率以五鼓登其绝顶，叫佛号，以祈风信，下有礼拜堂，系回人怀圣将军所建，故今称怀圣塔。

说明唐代广州怀圣塔上建有风向鸡——候风金鸡，能随风南北，但是比起中国汉朝时代的"相风铜凤凰"和"相风铜乌"要晚大约一千年。

东西方书籍的装帧

□ 陈大川

古籍图文载体，欧洲用蜡板，两河流域用泥板，埃及用埃及草纸，又称莎草纸（papyrus），近东用羊皮纸（parchment），印度用一种棕榈树叶制成的贝多罗纸（pattra），中国则用缣帛、竹、木简。公元 105 年蔡伦改进造纸法后，2 ~ 4 世纪为简、纸兼用，4 世纪以后则完全使用植物纤维制的纸。

公元 751 年，中国造纸技术西传。9 世纪时中亚及近东已使用中国式的纸，而价贵量少的羊皮纸仅供宗教及皇族使用。印度南部及东南亚仍以贝多罗纸为主。10 世纪以后，埃及莎草纸绝迹，西欧乃逐渐使用中亚制造的中国式纸张。

莎草纸、羊皮纸、及竹、木简,展阅及收藏时用卷子（roller），中国的缣帛及纸亦用卷子，但加装一只轴心，称为卷轴装（scroll roller binding），始行于南北朝（420—589），并外包"帙套"以利保护储藏。

唐朝初年流行小幅诗笺，或将大幅纸裁切成单张"叶子"，书写后再错开贴于长纸卷上，可逐页翻阅，卷起收藏时外观亦如卷轴，称为旋风装（whirl wind binding）。后被其他装订法代替，此种装帧为时甚短。

印度的贝多罗经本，为宽约 5 厘米、长约 30 厘米之窄片，分别在中部锥凿出两小孔，用线穿过以免散失。贝多罗棕榈树产于印度南部，多用于印度教及小乘佛教经典。中国唐朝以后至五代，西藏已知造纸术，乃仿照贝多罗经原理，用狭长竹帘抄成宽约 8 厘米、长 40 厘米的厚纸片，以藏文写经，至今犹存。一部经文完成后用木片夹住，再用绳捆扎，称为梵夹装（sutra binding）。贝多罗被纸取代，但装帧法未变。

梵夹装只适用于藏经，但易失散。唐朝中叶造纸技术进步，纸张尺幅加大，乃将较宽的长幅纸连续书写后，反复折叠为小幅，前后页糊在木夹板上，为梵夹装之改良型，称为经折装（pleated leaf binding）。此法可将长条纸再接长，使书写不至间断，又因纸幅较宽（又称"高"，对横长卷而言），更适合中国式直行书写。

雕版印刷术发明，木板尺寸受限制，只能单张单面印

西北民族大学图书馆的梵夹装藏传佛经

刷，将有字的一面向内折叠，各页顺序撞齐，在折页的一边用糊粘牢，厚纸包封，切齐另三面不整齐部分，称为蝴蝶装（butterfly binding），始于五代，盛于宋初，开启册页装的新时代。但其有缺点，在阅读时翻页，前有文字，次页空白，需再翻一页始可续阅。但是，如果将空白纸张如此装订后，再在纸页正反两面抄写书文，前后可一贯，就能免去这种缺点。

印刷术进入活字时代，大部头成套书籍使用蝴蝶装便不适宜，乃在制版时，将版的中央部分多留空行，加刻页码，印成装帧时以此为中线向外折叠，将空白面折在有字页背后，如此，翻页阅读时前后贯通，使册页更为完善，称为包背装（wrapped back binding）。

册页组合为书后，不论用浆糊粘牢，或"打纸钉"捆束各页，久必松脱，对书籍保存甚为不利，于是有线装（stitched binding）

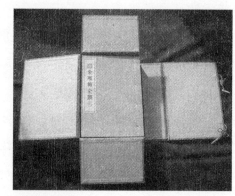
线装《金瓶梅》

科学史话

书的改进，在明朝时最为盛行。

西方的古籍中，早在公元前 3000 年，埃及草纸已用为图文载体，一直使用到公元 10 世纪，被中国纸完全代替为止，几乎全为卷子，未见册页。

土耳其等近东一带，最通用的为羊皮纸，公元前 400 年间，均为卷子，到公元后 4 世纪时，才见有单张折叠的文件，没有装订，因保存及传递较卷子方便，乃成为羊皮纸册页的原始。4 世纪以后的卷子，基督教圣经，有在卷子两端加一套子，一端较长，可用手把持，使手不接触经卷。

5 世纪时，将对折的单张累集为一册，用线缝在一起，外用粗羊皮包装，与中国式的包背装近似。5 世纪以后至 11 世纪，拜占庭帝国时，包背装内页装订法更加牢固，书籍前后封面，也变得更为豪华。内页用小羊羔皮，封面多用老羊皮或犊牛皮，成为硬皮封面，上面涂色压光外，更将宝石、金、玉、玛瑙等贵重物品加缀镶嵌，或压印为稀有的动植物图案。此类精装书，大多数供基督教圣经抄录及乐谱之用。如此高贵华丽的典籍，乃成信仰、技艺、及爱的综合体。

8 世纪时，英国与拜占庭合作得到改善，从此精装书籍乃流行于欧洲。印刷术发明后，欧洲各国已多能自行抄制中国式的纸，因此。文学、哲学等宗教以外的书籍大量问世，1476 年威廉·卡克斯顿乃扩大将印刷与装帧在伦敦首次商

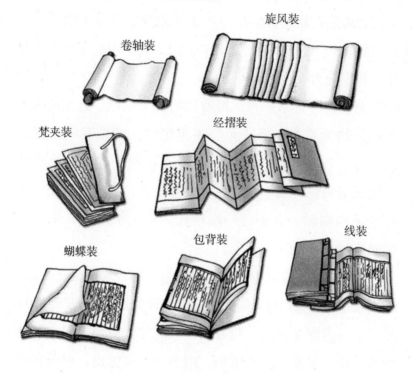

东方式装帧

卷轴装　　　旋风装

梵夹装　　　经摺装

蝴蝶装　　　包背装　　　线装

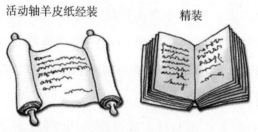

西方式装帧

活动轴羊皮纸经装　　　精装

东西方书籍装帧示意图,东方变化较多,西方以精装见长。

业化的制作销售，书面设计更见多彩多姿。

东方的包背装始于南宋（1127—1279），线装盛于17世

科学史话

纪的明代，而包背硬封面的精装书，则是清末民初的事。由此看出西方的精装书装帧，比东方早出现约一千年。

古人对长毛象的认知

□刘昭民

长毛象就是古生物学上的猛犸像，属名猛犸象属，源自俄罗斯文，由乌拉尔山区之沃古尔人（Vogul）语衍变而来。长毛象属于象科，和现生的亚洲象、非洲象有血缘关系，都是群栖动物。它们体型巨大，肩高 3.5 ~ 4.5 米，体重 6000 ~ 7000 公斤，和现生的象差不多。成年的长毛象通常有一对又长又弯的大象牙，和一身浓密的长毛，这一点和现代的象不一样。

长毛象最早可以追溯到地质时代第三纪上新世（距今400 多万年前）出现在非洲，后来一代一代地迁徙到欧洲、

长毛象素描

亚洲和北美洲，更新世时代（距今 300 万年前至 11000 年前），气候转寒，中高纬地区先后经历四个冰河期（年均温较今日低 4℃~6℃）和间冰期的洗礼，长毛象曾经和人类的祖先处于同一时代。

长毛象遗体和化石，多保存在中高纬度地区的更新世永冻土和永冻冰层中。最早的记载出现在魏晋南北朝时期的《神异经》：

> 北方层冰万里，厚百丈，有磎鼠在冰下土中焉；形如鼠，食草木，肉重千斤，可以作脯，食之已热；其毛八尺，可以为褥，卧之祛寒；其皮可以蒙鼓，闻千里；

有美尾可以来鼠，此尾所在，则鼠聚焉。

可见先民在一千多年前已经吃猛犸象的冻肉，并说，吃了可以退火。南北朝梁武帝时代，《金楼子·志怪篇》记载：

晋宁县（今云南境内）境内出大鼠如牛，土人谓之鼹鼠。

文中的鼹鼠，显然是指猛犸象。到了唐初，房玄龄在《晋书》上说：

宣城郡（今安徽省宣城县）出稳鼠，形似鼠，裤脚类象……

文中的稳鼠就是猛犸。到了唐玄宗开元年间（713—741），《本草拾遗》的作者陈藏器也说：

此是兽类，非鼠之俦，大如牛，而前脚短……

可见到了唐代，先民对猛犸象的观察和认识已由浅到深，故对猛犸的描写如此逼真，还正确地指出它是兽类，不是鼠类，这个见解，时间上早于法国18世纪古生物学家和地质学家乔治居维业（G. Cuvier, 1769—1832）约一千年。

明代李时珍在《本草纲目》卷五，冰鼠条中说：

东方朔云，生北荒基冰下，毛甚柔，可为席，卧之祛寒，食之已热。

可见明代李时珍把猛犸象叫做"冰鼠"，它的皮毛已被人们作为席卧之用，而且人们将之药用，认为吃它的肉可以退火。

到了清代，康熙皇帝在《几暇格物编》下册卷中黯鼠条中说：

> 俄罗斯近海北地最寒，有地兽焉，形似鼠而大如象，穴地而行，见风日即毙，其骨亦类象，牙白泽柔软，纹无损裂。土人每于河滨土中得之，以其骨制（碗）、楪（碟）、梳、篦，其肉性甚寒，食之，可除烦热。俄罗斯名摩门洼，华名黯鼠。

说明西伯利亚地区地下有猛犸化石，土人常在河滨土中发现它，利用它的骨骼制造碗、碟、梳、篦等。"穴地而行，见风日即毙"，显然出于讹传。

清朝中叶时，郑光祖在《一斑录·卷三·物理篇》中也记载说：

> 黯鼠大如象，牙亦如象，色稍黄，古传有是物。今俄罗斯北海（贝加尔湖）边有之，常匿层冰之下沙土中，不见风日，一见即毙，以此齿骨制碗、碟，康熙时已通贡献。

比《一斑录》稍迟一些的《博物新编》第一集中也有记载说：

长毛象的骨骼标本

迤北之境多冰山，四面玲珑莹冰可畏，当遇酷热，冰山冰陷，中有死兽，形状古特（其形如象，而大于象），骨肉鲜新，熊罴争聚食之，边卒驰报其王，王使名臣往验，盖三千年物也，遂收其骨存内府，至今传为古器云……

由前文之描述，可知这是指出现在西伯利亚冰冻地带之猛犸象化石，由于出土时"骨肉鲜新"，故"熊罴争聚食之"，当时大臣检验后，称它是三千年前所遗留下来的，其年代实则过短，应该改称一万多年前才对。

长毛象的祖先在迁徙过程中，因适应当地气候而不断地演化，所以它们在中国北方和西伯利亚就演变成全身有长而柔软体毛的长毛象。其灭绝原因最主要是气候由寒冷变温暖，更新世时代全球处于冰河期时代，其年均温较今日低4℃～6℃，但是距今11000年前开始，冰河期宣告结束，平均温较今日高2℃～3℃，以致长毛象无法适应而灭绝。长毛象的另一灭绝原因是人类猎杀，当温驯的长毛象遇到使用工具、成群狩猎的人类祖先，只有死路一条。

从《核舟记》说起

□张之杰

您应该读过明朝魏学洢（1569—1625）的《核舟记》吧，可是您可曾想过：在寸许的桃核上，"为人者五，为窗者八，为箬篷，为楫，为炉，为壶，为手卷，为念珠者各一；对联、题名并篆文，为字共三十有四……"王叔远是怎么办到的？笔者认为，他使用了放大镜，而且是进口的玻璃放大镜。

中国人不擅长玻璃工艺，历代出土的凸透镜，几乎都是水晶制品。古人制作水晶凸透镜，主要用来取火，故又称火晶或火珠。水晶凸透镜的另一用途，就是放大。只要拥有水晶凸透镜，自然会觉察其放大功能，最早的记载见宋朝刘跂的《暇日记》：

> 杜二丈和叔说，往年史沆都下鞠狱，取水精数十种以入。初不喻，既出乃知案牍故暗者，以水精承日照之则见。

当案牍看不清时，就用水晶透镜鉴识，史沆拥有多枚透镜，可能各枚放大倍数不等。

凸透镜既然具有放大功能，人们不免会用来制作微型字画，微型雕刻（笔者特称为微艺术）。然而制作水晶透镜必须将天然水晶切成片，再研磨出曲度，极其耗时费力。玻璃透镜可以铸造，一体成形后稍事研磨即可。因

范·列文霍克以其自制的显微镜作观察。他的显微镜由单一透镜构成，曲率甚大，近似圆珠，观察时必须贴近眼睛，观察物则固定在一根针上。

此，西方玻璃透镜传入前，水晶透镜为珍稀之物，一般艺匠不易获得，微艺术也就不可能普及。

笔者所经眼，明代之前的微艺术史料，只有元代杨瑀《山居新话》（1360年刊刻）一则：

> 人谓县官王倚有一毛笔，笔身不较通常者为大，而两端则较大，径约半寸。两隆起端之间，刻有图，队

伍、人马、亭台、远水，皆极细微。每景有诗两句，非人工可致也。画线照耀如白垩，反光下清晰可见……闻北京鼓楼大街王府藏有一射指之玉环，大小略如乞丐之碗下之环，然上刻心经一全卷。又，先君御史常谓曾见一竹制龟，大小与余所藏者相若，然象牙刻字嵌于黑乌木，字为孝经一篇，不大于食指。与王倚之笔较，则技更巧矣。

西方放大镜的发明不晚于 13 世纪。放大镜何时传入中国已不可考查，鉴于西方事物大多于明代中叶（16 世纪）以后传入，放大镜大概也不晚于此时。魏学洢所记的"奇巧人"王叔远，就活动于明末。

从明中叶至清末，笔者所经眼的微艺术史料就有十余则，魏学洢的《王叔远核舟记》不过其中一例。康熙年间东轩主人撰《述异记》，首见显微镜一词：

康熙初年，浙杭祝玉成，字培之，年八十余，画事入微渺，入秋毫之末。予得一牙牌，长一寸五分，阔一寸，一面画虬髯客下海，其中虬髯公、李靖、红拂、虬髯之夫人，奴十人，婢十人，箱笼二十，楚楚排列，须眉毕具。上写曲一出，笔画分明，一面画二十小儿，种种游戏悉备，内一小儿放风筝，其线有数十丈之势，高空纸鸢亦可辨焉。然其笔墨所占特十之三四耳。至于粒米而真书绝句，瓜仁而罗汉十八，无少模糊，观者以显微镜，无一苟笔。

当时的显微镜，实为放大镜。西方早期的显微镜，亦为单式（一片透镜）显微镜，即倍数较高的放大镜，微生物学之父的显微镜即属此类。引文"观者以显微镜，无一苟笔"，表示制品必须用放大镜才能观赏，也表示放大镜已非罕见之物。

乾隆年间，无锡人黄印，撰《酌泉录》，提到以放大镜制作微艺术，以下引文的"眼镜"，可能类似钟表师傅所用的放大镜。

> 邑尤某，善雕犀象玉石玩器，精巧为三吴冠。……遂以尤犀杯称之。康熙中，尝征入内苑，后以年老辞归。尝言：在内苑时，出以珠玉，小于龙眼，命刻赤壁赋于其上，珠小而坚，意难之。内以眼镜一副与之，取刀以试，清激异常，绝不觉其隘，游刃有余，真罕及也。

同治年间，毛祥麟在《墨余录》记述：

> 西洋显微镜，虽至微之物视之历历可数。今肆中所卖，不过晶镜之厚者，照物略大耳。予曾见二镜，其一以小檀木作小匣，内藏绿木板一片，方寸许，中藏一镜，约长二分，阔分余，又有绣花针刺芝麻一粒，照之盏大如杯，上写五言唐诗一首，书作行楷，一笔不苟，

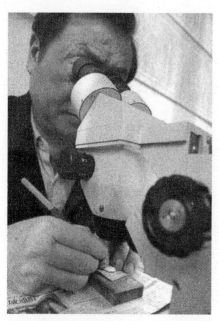

民国以后由于工具进步，微艺术进一步发展出毫芒雕，甚至要用显微镜才能观赏。图为四川微雕艺术家郭月明先生以解剖显微镜做微雕情形。

末款云锋二字，不知如何写也。其一锦匣一只，大不及寸，高约五分，内藏小册一本，计六页，底面以镂花青金版为之，长阔仅三四分，纸洁白而厚，观之约略有墨迹，而不可辨。匣底有圆镜一面，以赤金为边，柄大，如小纽扣。晴窗开册，以镜照之，则山川、树木、殿宇、桥梁、人物、舟楫无不毕具，至树木之参差重叠，人物之顾盼相依，有画工所不能到者，古有鬼工，信非虚语。

从引文中可知，同治年间市上已有倍数较低的放大镜出售，但作者特别强调，他所看到的放大镜与肆中出售者不同，一者"约长二分，阔分余"。另一者"如小纽扣"（圆形中式布纽扣），由于曲率较大，故放大倍数较高。

本文显示，当放大镜尚未普遍，微艺术微细的程度以肉眼勉强可见为度，过此将成为屠龙之技。工匠可能将放大镜列为机密，制作过程绝不示人，借以眩惑世人。当放大镜普及后，细微的程度提高，必须借助放大镜才能观赏，演变到后来，就出现了附有高倍放大镜的微艺术组合产品。

中国人为何未能发现哈雷彗星？

□ 宋正海

在中国古代，受到有机论自然观和天人感应思想的影响，认为彗星的出现是上天示警。彗星近日时，巨大的彗尾形如扫帚，横亘天空与银河争辉，更引起人们的惊异和恐慌。

中国古代注重彗星观察，记录异常丰富，到 1911 年为止，关于彗星近日记录至少有 2583 次。中国人对哈雷彗星的记载，最早可上溯到殷商时代。《淮南子·兵略训》中提到："武王伐纣，东面而迎岁，至汜而水，至共头而坠。彗星出，而授殷人其柄。时有彗星，柄在东方，可以扫西人也！"这是公元前 1057 年，哈雷彗星回归的记录。更为确切的哈雷彗星记录是在公元前 613 年，《春秋左传·鲁文公十四年》中有言："秋，七月，有星孛入于北斗。"这是世界第一次关于哈雷彗星的确切记录。

公元前 240 年（秦始皇七年）起，哈雷彗星每次回归，中国均有记录。其中最详细的一次记录，是在公元前 12 年（汉元延元年）的《汉书·五行志》：

> "七月辛未，有星孛于东井，践五诸侯，出何戍北率行轩辕、太微，后日六度有余，晨出东方。十三日，夕见西方，犯次妃、长秋、斗、填，蜂炎再贯紫宫中。大火当后，达天河，除于妃后之域。南逝度犯大角、摄提。至天市而按节徐行，炎入市，中旬而后西去，五十六日与仓龙俱伏。"

哈雷画像，1687 年绘。

由于中国彗星史料丰富、连续，而且较精确可靠，所以在近现代的天体探索中发挥了重要作用。照理说，这些累积的珍贵记录对中国人发现哈雷彗星应是十分有利的，然而事实并没有如此发展，而是让掌握哈雷彗星史料不多的英国人抢了先。

哈雷是英国天文学家，也

是数学家。他之所以能发现哈雷彗星，与开普勒行星运动三大定律和牛顿万有引力定律密切相关。1543 年，哥白尼提出革命性的日心说。在日心说基础上，开普勒于 1609 年提出行星运动第一

1986 年 3 月 8 日于复活岛所拍摄的哈雷彗星

第二两大定律，1619 年又提出第三定律，从而推翻了古希腊同心球宇宙体系，以及本轮均轮说中，所建立的行星作匀速圆周运动图景，又一次推动了天文学的革新。

1687 年牛顿《自然哲学的数学原理》问世，在开普勒行星运动三大定律的基础上，发现了万有引力定律，把天上和地上的运动，第一次联系起来，并证明是符合相同的力学法则。在这方面，哈雷也颇有贡献。哈雷所以能发现哈雷彗星，是建立在牛顿等人的理论基础之上，他们共同发展行星运动定律和新太阳系图景的基础上。尽管彗星在当时被称为"天空中的逃犯"，它的轨道十分扁，但毕竟与行星轨道不同。发现哈雷彗星在当时的欧洲已无理论困难，只是个人机遇的问题。

1703 年哈雷被任命为牛津大学几何学教授，研究彗星问题。在牛顿的帮助下，他编纂彗星记录，计算它们的运行轨迹。1705 年，他发表《彗星天文学论说》，阐述了 1337～1698 年间出现的 24 颗彗星轨道。其中 1682 年出现的彗星，是他

中国三千多年前有哈雷彗星记载，相较之下西方文字史料较少，图为巴比伦泥版书，记录公元前 164 年的哈雷彗星。

亲自观测过的，对其轨道有着深刻的印象，所以他很快发现此彗星轨道与 1531 年、1607 年两颗彗星轨道极其相似，这可能是同一颗彗星在其封闭的椭圆轨道上的第三次回归，周期约为 75~76 年。

在古代不管东方或西方，彗星出现均会引起人们恐慌。但潜藏在众多一次次看来彼此孤立的彗星回归记录中，彗星轨道的封闭性及其运行周期，却不是常人能看得到或想得到的。哈雷经由自己的长期探索和努力研究，终于厘清了常人不了解的规律。这样的发现，在哈雷以前的中国，是没有这种科学文化基础的。

哈雷出版《彗星天文学论说》，并且在发表哈雷彗星的1705 年，即中国是康熙四十四年。当时中国的科学仍是传统科学，不仅谈不到行星按椭圆轨道运行的相关理论，也还谈不到哥白尼的日心说。

由此可见，在哈雷发现哈雷彗星之前，中国作为主导地位的地球观仍是地平大地观。这与发现哈雷彗星的西方科学基础，中间还隔着大地球形观、日心说、行星运动三大定律和万有引力定律几个大的科学阶段。所以，中国人没能发现哈雷彗星。

虽然中国传统天文学擅长周期的观察计算，如对月亮、五星的周期运动、太阳在黄道上的周期等，计算还都十分精密，也基此制定了精密的天文历法。但是天空中的彗星太多了，2583 颗彗星记录也使人眼花缭乱。人们根本没有考虑也无法考虑它的出现是有周期性的，遑论探究彗星周期存在的努力。不了解新太阳系图景的中国，就无法了解彗星轨道要素，也就不可能去探索其间的轨道相似性。

所以中国古代只把彗星的出现作为一种奇异天象，是上天示警，称它为"孛星、妖星、星孛、异星、奇星"等，这与当时西方称它为"天空中的逃犯"是完全不同的两个概念。这种种原因，遂造成了这中国科学史上的最大憾事之一。

中国人为何未能发现哈雷彗星？

中国现代化被忽视的一页：
基隆—新竹铁路

□刘广定

科学史话

　　最早在铁轨上行车交通为英国人特里维西克（Trevith-ick）于 1808 年首创，但当时是用马来拖曳车厢，到了 1814 年史蒂芬森（Stephenson）才发明蒸汽机车，1825 年正式建成第一条火车行驶的铁路。因其能利于运输，其他各国纷纷学习引进，英法联军第一次入侵北京的时候，西方列强为扩充在华的势力，乃以便利运输交通为名，企图说服清朝政府同意在中国境内由列强协助修建铁路，而获得进一步控制中国之实。

幸有识者担心中国门户洞开，权益严重受损，而保守者以铁路有碍风水地脉及民众生计，又破坏民间田产，都力加拒绝。1865年（清同治四年），英商杜兰德擅自在北京城外偷修一小段约1000米长的铁路，上驶小火车，据说导致"京师人诧所未闻，骇为怪物，举国若狂，几致大变，旋经步军统领衙门饬令拆卸"。

1876年（光绪二年），英人又假借修建车路为名，暗地在上海吴淞间铺设铁轨，欲以既成事实，强迫中国政府同意，一方面交涉，一方面径自从7月起开始营业。但一个月后，火车辗死一中国人，民情大愤，上海道台冯焌光乃照会英国领事麦华陀，令即停工，并鼓动兵勇、百姓示威抗争。英方自知理屈，愿将铁路交由中国赎回，唯乘机敲诈，谎报资本，白白多赚了中国十五万两白银。第二年9月赎款付清后，两江总督沈葆桢即下令将铁路拆除，运往台湾。

有关此事件，解读不一。笔者认为当时李鸿章为直隶总督，督办北洋海防，沈葆桢为两江总督，督办南洋大臣，且曾任船政大臣，两人皆知现代化的重要。冯焌光曾入李鸿章幕，也曾任江南制造局总办，故反对淞沪铁路应是强调原则，以国家体面为重，且做效尤。沈葆桢决定拆除，固嫌迂腐，然该年初福建巡抚丁日昌（李鸿章的部属）已奏请将拆卸淞沪铁路材料运往台湾，改建台南至恒春间铁路。

由于沈葆桢在1874年任巡台御史时，日寇曾偷袭琅峤蕃社，幸赖李鸿章派遣淮军枪炮支援，方得退敌。可能他已洞悉南台湾对中国国防之重要，在南台湾建设铁路比吴淞上海建铁路更重要，故做此决定。惜建造铁路，筹款不易，1878年铁路材料运到时，丁日昌已因病离职，只好闲置海滩，任其腐坏。

中国第一条正式启用的铁路是为开平煤矿运煤专用，从唐山到胥各庄长十千米的"唐胥铁路"。由李鸿章所主办，于1881年（光绪七年）筑成，并在公历6月9日，史蒂芬森百岁诞辰日通车。负责这次工程的英国工程师金达（C. W.Kinder）采用了英国的标准的轨距4英尺8英寸半（1.435米），是所谓宽轨，也是日后大多数中国铁路所使用的尺寸，并且督导中国工匠制成"中国火箭号"的蒸汽机车。（因当时避免保守的民众和大臣反对，谎称乃用骡马牵拖，故不能从外国进口蒸汽机车）。次年，铁道延长到芦台，1887年再延到天津，全长130千米，为运煤载客两用的第一条中国铁路。

1884年中法战争爆发，1886年（光绪十二年）台湾建省，首任巡抚刘铭传奏准于1887年开始以兵勇兴建铁路。第一段位于基隆—台北（大稻埕）间，全长28.6千米，1891年（光绪十七年）10月修成通车，用3英尺6英寸（1.0668米）窄轨，系载客携货专用，其第一辆机车名"腾云"。但刘铭传随后去职，继任巡抚邵友濂于1893年（光绪十九年正月）完成自台北（大稻埕）经桃园，中坜而达新竹的基隆—新竹铁路（全长106.7千米）后，奏请停工而未再继续。

停止续建的一个原因是乘客不够多，收入不敷成本，据《台湾通史·邮传志》记载，这是因为"民用未惯，物产未盛，而基隆河之水尚深，舟运较廉，铁道未足与竞。""平均一日之客，台北、基隆五百人，台北新竹四百人……每月搭客一万六千元，货物四千元、收支不足相偿。"开始时每天六班车，后减为四班，但每逢大稻埕致祭城隍

凿通狮球岭隧道为台北－基隆旧铁路最大的难题，该路段也是台湾省第一条铁路隧道，建于刘铭传主政台湾期间。图中即为当年的狮球岭隧道，上题"旷宇天开"四字。如今已不再供铁路使用，成为供人参观的古迹。

之日加班。除夕、正月初一、十五、端午、中秋等节日都停驶。设有十六处车站，但"途中遇车，随时可以搭乘，故时刻不定"，虽效率欠佳，但相当便民。1895年（乙未年）清政府正式割让台湾，日军登陆，反抗侵略者的同胞曾拆毁铁道枕木，阻止日本人南下，经修复才又通车。

基隆—新竹间的铁路虽不是中国的第一条铁路，但为中国第一条专为客运建造的铁路，而工程之困难度远超过华北平原上的唐山—天津线。基隆—台北间除桥梁二十余座外，其中跨淡水河桥长近半千米，更困难的是须在"狮球岭"开凿长二百多米的隧道。台北—新竹间溪流亦多，《台湾通史》记载全线（基隆—新竹）共大小桥梁 74 座，且丘陵起伏，

台北—新竹旧铁路资料照片。原在龟山附近，现已拆除。

难度甚高。虽然约翰·W.戴维森在《台湾岛》（1903年）一书中多有批评讪笑，但大部分工程都由中国人自力完成，例如淡水河桥即由广东人张家德设计筑成。

　　台湾最早的基隆—新竹段铁路建设是19世纪后期，中国走向近代化之一重要成果，惜常遭忽视或曲解，谨草此短文，以供读者参考。

从孔子不得其酱不食说起

□ 张之杰

　　《论语·乡党》谓孔子"不得其酱不食"。夫子怎么这么挑剔？从饮馔史的角度观察，才能明白其真义。

　　中国上古的炊具，主要有鼎、鬲、釜和甑、甗（音演）。鼎、鬲和釜都是煮器，鼎具有实心的三足，是个深腹罐子；鬲的形状像鼎，但三足中空；鼎和鬲都可用柴火在足底下加热，或安放在火塘上加热。大约春秋战国时期，随着炉灶的发展，釜取代了有足的鼎和鬲，釜的特征是广口、深腹、圆底，相当于现今的锅。甑和甗是蒸器，甑相当于现今的蒸笼。甑和鬲、釜配套，形成甗，其下部的鬲、釜用来煮水，上部的甑用来盛放食品，中间置箅，蒸汽通过箅孔，将甑内的食物蒸熟。

　　鼎、鬲、釜和甑、甗全都始自新石器时代，至少使用到春秋战国（甚至秦汉），这段期间烹饪手段主要是蒸和煮，其次是烤。以蒸和煮来说，先秦没有豆酱、面酱和酱油，以

鬲是三足中空的煮器，图为新石器时代陶鬲。

鼎是三足支撑的煮器，图为商前期青铜鼎。

甗是甑和鬲配套或甑和釜配套所形成的蒸器。

汉代的青铜甗，已和现今的蒸锅相似。

"煮"烹调,滋味溶入水中,越煮滋味越淡。以"蒸"烹调,可保持食品原味。以"烤"烹调,蛋白质与脂质受热,会产生香气。这就是先秦的宴席菜以蒸与炙最为常见的原因。

至于庶民的饮食,应当以煮和蒸为主。如有适当的调味料,清蒸和白煮也颇能入味,但孔子时代的调味料主要是盐、酒、醋、梅、葱、韭、蒜、姜、芥、桂皮、花椒等,只凭这些调味料是达不到提味添香效果的,是以酱料就格外重要了。

在先秦古书上,酱是个通称,《周礼·膳夫》:"凡王之馈食用六谷,膳用六牲,饮用六清,馐用百二十品,珍用八物,酱用百有二十瓮。"疏:"酱谓醯、醢也,王举则醢人共醢六十瓮,以五齑、七醢、七菹、三臡实之。"可见酱泛指各种发酵食品——齑(音基,细切泡菜)、菹(音居,腌菜)、醢(音海,肉酱)、臡(音泥,肉骨酱)、醯(音西,醋)之类。也有直接称酱的,如芥酱、卵酱(鱼子酱)。醢人是王室负责制"酱"的官吏,可见古人对酱多么重视。

在各种"酱"中,醢是把生肉剁碎,拌上盐、酒曲、生姜、桂皮等,再加上酒,密封而成,并非现今的肉酱。古时酒的浓度不高,用来浸渍生的碎肉,多少都会发酵。食物发酵后会产生特殊的气味,对于以煮和蒸为主要烹饪手段的古代饮食,更具有其添香、加味的意义。

笔者查阅文献,在"十三经"中查到的酱,除了芥酱、卵酱和五齑——菖本(菖蒲根)齑、脾析(牛百叶)齑、蜃

（大蛤）醢、豚拍（猪肋）醢、深蒲（蒲芽）醢，七菹——
韭菹、菁（蔓菁）菹、茆（白茅）菹、葵叶菹、芹菹、治
（竹头，箭竹笋）菹、笋菹，七醢——醓醢（醓音坦，带汁
肉酱）、蠃醢（蠃音裸，疑似螺酱）、蚳醢（蚳音皮，蛤酱）、
蚳醢（蚳音池，蚁卵酱）、鱼醢、兔醢、雁醢，三臡——鹿
臡、麇臡、麋臡，还查到鸡醢、蜗醢、蜃醢、蜱醢（蜱音
皮，螵蛸酱）。笔者没查到马醢、牛醢、羊醢、犬醢和豕醢，
或许寻常家畜制的醢不足以供王后世子之膳（或祭）吧？

　　各色各样的酱，和各种食物相搭配，久而久之就约定
成习，甚至形成一种"礼"，随意搭配非但不合味，也显得
粗野不文，这或许就是"不得其酱不食"的真义。举例来
说，古人吃鱼脍一定蘸芥酱。脍指细切的肉丝、鱼丝，加
上调味料生食。鱼脍膻腥，要用芥酱调伏，这和日式生鱼
片如出一辙。

　　关于菜肴和酱的搭配，先秦古书多有记载，如《礼记·
内则》："食蜗醢而食雉羹；麦食，脯羹、鸡羹；析稌，犬
羹、兔羹，和糁不蓼。濡豚，包苦实蓼；濡鸡，醢酱实蓼；
濡鱼，卵酱实蓼；濡鳖，醢酱实蓼。腶修，蚳醢；脯羹，兔
醢；麋肤，鱼醢；鱼脍，芥酱；麋腥，醢酱、桃诸、梅诸、
卵盐。"这段话断句不易，而且难解，但仍不难看出其大意：
如食鸡羹配蜗醢，食鱼配卵酱，干脯配蚳醢，脯羹配兔醢，
鱼脍用芥酱等。又如《仪礼·公食大夫礼》，记载士大夫赴
宴时的礼节、座次、上菜次第、菜肴摆设等，从中也可看出

蘁、菹、醢、臡、芥酱等与菜肴依一定关系设置，因为文字深奥，断句不易，这里就不引录了。王室如此，卿、大夫及士人也应该如此，孔子不得其酱不食，在礼制上是有其深意的。

关于"不得其酱不食"的注解，汉儒马融注："食鱼脍非芥酱不食"（吃生鱼片没有芥末就不吃），朱注亦因袭其说。把"酱"字局限为芥酱，显然误解其意义了。

各色各样的酱，除了作为酱料，还可以作为调味料。《左传·昭公》："水火醯醢盐梅，以烹鱼肉。"说明当时烹调鱼肉要用到醯（醋）、醢（肉酱）、盐和梅。梅是古代重要的作料，如今日本人还用，中国早就不用了。从生食鱼肉、清淡寡味、多用酱料、以梅赋味等来看，古时的中国菜似乎更像日本料理呢！

大约到了汉代，出现了豆酱和面酱，紧接着，魏晋南北朝又出现了酱油，于是先秦时期的各种"酱"开始退潮。酱油不但可以加味、添香，还可以增色，是中国菜最重要的调味料，甚至可说是中国菜的标志。豆酱、面酱和酱油将先秦时期的各种酱推入历史，打开中国饮馔史的新页。